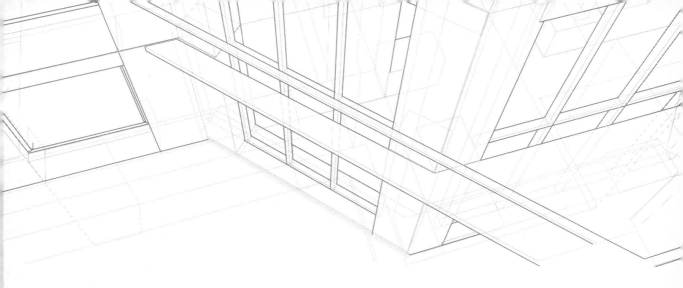

高职装配式混凝土建筑"互联网+"十三五规划教材

装配式混凝土建筑
计量与计价

主　编　袁建新　张凌云

副主编　周　芸　袁　媛　张海琳

主　审　吴　泽

U0295127

上海交通大学出版社
SHANGHAI JIAO TONG UNIVERSITY PRESS

内容提要

  本书为装配式建筑教材系列之一,以培养学生具有装配式混凝土建筑工程计量与计价能力为目标,较为全面地讲述装配式混凝土建筑工程造价费用的基本构成要素与计算程序,具体包括:造价计算(附简例)及消耗定额的直接套用和换算,工程单价编制,建筑面积计算,模板工程量计算,预制混凝土构件工程量计算,混凝土构件安装工程量计算以及后浇工程量计算等。还附有装配式混凝土建筑工程量清单标价实例,方便学生学习。

  本书可作为高职院校土建工程技术类专业相关课程教材,也可以作为装配式建筑企业员工的培训教材。

图书在版编目(CIP)数据

装配式混凝土建筑计量与计价/ 袁建新,张凌云主编. —上海:上海交通大学出版社,2018 (2020重印)
ISBN 978-7-313-19229-5

Ⅰ. ①装…　Ⅱ. ①袁… ②张…　Ⅲ. ①装配式混凝土结构-建筑工程-计量②装配式混凝土结构-建筑工程-建筑造价　Ⅳ. ①TU723.3

中国版本图书馆 CIP 数据核字(2018)第 064990 号

装配式混凝土建筑计量与计价

主　　编:袁建新　张凌云
出版发行:上海交通大学出版社　　　　　地　　址:上海市番禺路 951 号
邮政编码:200030　　　　　　　　　　　电　　话:021 - 64071208
印　　制:上海景条印刷有限公司　　　　经　　销:全国新华书店
开　　本:787 mm×1092 mm　1/ 16　　印　　张:13.25
字　　数:298 千字　　　　　　　　　　插　　页:8
版　　次:2018 年 4 月第 1 版　　　　　印　　次:2020 年 12 月第 2 次印刷
书　　号:ISBN 978 - 7 - 313 - 19229 - 5
定　　价:39.00 元

高职装配式混凝土建筑
"互联网＋"十三五规划教材
编委会名单

编委会顾问

吴　泽　　王凤君　　庞宝根　　皋玉蒂　　赵　勇

杜国城

编委会主任委员

陈锡宝　　赵　研　　胡兴福　　徐　辉　　夏　锋

编委员成员（按姓氏笔画）

王伟东　　刘　毅　　何　成　　周　芸　　郑　晟

张　弘　　张建荣　　张凌云　　袁建新　　徐　杨

徐　瑾　　黄　亮　　潘立本　　潘红霞

Foreword

前　言

　　2016 年 2 月 6 日,《中共中央国务院关于进一步加强城市建设管理工作的若干意见》及 2016 年 9 月 27 日国务院常务会议审议通过的《关于大力发展装配式建筑的指导意见》中提出,10 年内,我国新建建筑中,装配式建筑比例将达到 30%。由此,我国每年将建造几亿平方米装配式建筑,这个规模和发展速度在世界建筑产业化进程中也是前所未有的,我国建筑界面临巨大的转型和产业升级压力。因此,按期完成既定目标,培养成千上万名技术技能应用人才刻不容缓。

　　教育必须服务社会经济发展,服从当前经济结构转型升级需求。土建类专业如何实现装配式建筑"标准化设计、工厂化生产、装配化施工、一体化装修、信息化管理和智能化应用",全面提升建筑品质、建筑业节能减排和可持续发展目标,人才培养则是一项艰苦而又迫切的任务。

　　教材是实现教育目的的主要载体。高等职业教育教材的编写,更应体现高职教育特色。高职教学改革的核心是课程改革,而课程改革的中心又是教材改革。教材内容与编写体制从某种意义上讲决定了学生从该门课程中能学到什么样的知识,把握什么技术技能,养成什么样的综合素质,形成什么样的逻辑思维习惯等等。因此,教材质量的好坏,直接关系到人才培养的质量。

　　基于对我国建筑业经济结构转型升级、供给侧改革和行业发展趋势的认识,针对高职建筑工程技术专业人才培养方案改革及教育教学规律的把握,上海思博职业技术学院与宝业集团股份有限公司、上海维启科技软件有限公司、上海住总工程材料有限公司、上海建工集团及部分高校合作编写了高职装配式混凝土建筑"互联网+"十三五规划教材。

　　本套教材以高职装配式混凝土建筑应用技术技能人才培养为目标。教材有《装配式混凝土建筑概论》《装配式混凝土建筑识图与构造+习题集(套)》《装配式混凝土建筑生产工艺与施工技术》《装配式混凝土建筑法律法规精选》《装配式混凝土建筑工程测量＋实训指导(套)》《装配式混凝土建筑工程监理与安全管理》《装配式混凝土建筑规范与质量控制》《装配式混凝土建筑计量与计价＋实训指导(套)》《装配式混凝土建筑项目管理与BIM应用》《装配式混凝土建筑BIM软件应用技术》《装配式混凝土建筑三维扫描与制造技术》《装配式混凝土建筑构件运输与吊装技术＋实训指导(套)》。

本教材编写时力求内容精炼、重点突出、图文并茂、文字通俗,配合AR、二维码等互联网技术和手段,体现教材的时代特征。

本丛书编写体现以下三个特点:

第一,紧贴规范标准,对接职业岗位。高校与企业合作开发课程,根据装配式混凝土建筑规范、工艺、施工、技术和职业岗位的任职要求,改革课程体系和教学内容,突出职业能力。

第二,服从一个目标,体现两个体系。本丛书在编写中注重理论教学体系和实践教学体系的深度融合。教材内容紧贴生产和施工实际,理论的阐述、实验实训内容和范例有鲜明的应用实践性和技术实用性。注重对学生实践能力的培养,体现技术技能、应用型人才的培养要求,彰显实用性、直观性、适时性、新颖性和先进性等特点。

第三,革新传统模式,呈现互联网技术。本套教材革新传统教材编写模式,较充分地运用互联网技术和手段,将技术标准生产工艺与流程,以及施工技术各环节,以生动、灵活、动态、重复、直观等形式配合课堂教学和实训操作,如AR技术、二维码等融入,形成较为完整的教学资源库。

装配式建筑是国内刚起步发展中的行业,很多课题正在研究探索之中,加上我们理论水平和实践经验有限,本套教材一定存在不少差错和不足,恳请专家读者给予批评指正,以便我们修订。

Contents

目　录

第 1 章　概论 ··· 1

1.1　装配式建筑的概念 ·· 1

1.2　什么是 PC ··· 1

1.3　PC 产业化流程简介 ·· 2

1.4　PC 的价值 ··· 4

1.5　成品住宅 ·· 6

1.6　建筑部品化 ·· 6

1.7　预制构件 ·· 7

1.8　住宅部品术语 ·· 8

1.9　预制率与建筑装配率 ·· 16

1.10　其他技术采用比例计算公式 ·································· 18

1.11　装配式建筑的优缺点 ·· 20

1.12　BIM 应用是实现装配式建筑的技术核心 ······················ 20

第 2 章　装配式建筑工程造价计价原理 ························· 22

2.1　装配式建筑计算工程造价的特点 ······························ 22

2.2　确定装配式建筑工程造价的方法 ······························ 23

第 3 章　装配式建筑工程造价费用构成与计算程序 ·············· 25

3.1　概述 ·· 25

3.2　分部分项工程费 ·· 27

3.3　措施项目费 ·· 30

3.4　其他项目费 ·· 32

3.5　规费 ·· 32

3.6　增值税 ·· 33

3.7　装配式建筑工程造价计算程序 ································ 33

第4章 装配式建筑工程造价计算简例 ················· 35

4.1 计算依据 ································· 35

4.2 综合单价确定 ···························· 40

4.3 分部分项工程费计算(不含增值税) ············· 42

4.4 措施项目费计算(不含增值税) ················ 43

4.5 其他项目费计算 ·························· 44

4.6 规费计算 ······························ 44

4.7 PC 构件与部品市场价计算(不含增值税) ·········· 44

4.8 增值税计算 ···························· 45

4.9 装配式建筑工程造价合计 ··················· 45

4.10 装配式建筑工程造价计算 ·················· 45

第5章 装配式建筑消耗量定额应用 ················· 47

5.1 建筑工程消耗量定额概述 ··················· 47

5.2 装配式建筑消耗量定额的直接套用 ·············· 48

5.3 装配式建筑消耗量定额换算 ·················· 50

第6章 工程单价编制 ························· 53

6.1 人工单价编制 ···························· 53

6.2 材料单价编制 ···························· 54

6.3 机械台班单价编制 ························· 58

第7章 综合单价编制 ························· 62

7.1 综合单价的概念 ·························· 62

7.2 综合单价的编制依据 ······················ 64

7.3 人、材、机询价与收集 ····················· 65

7.4 综合单价编制方法 ························· 68

第8章 建筑面积计算 ························· 75

8.1 概述 ································· 75

8.2 建筑面积计算规则 ························· 77

第9章 预制混凝土构件制作工程量计算 ·············· 85

9.1 模板工程量计算 ·························· 85

9.2 钢筋工程量计算 ·························· 87

9.3 预制柱制作工程量计算 ····················· 88

9.4 预制梁制作工程量计算 ····················· 90

9.5　预制墙、板制作工程量计算 ·· 91

9.6　预制楼梯制作工程量计算 ·· 91

9.7　预制其他构件工程量计算 ·· 93

第 10 章　预制混凝土构件安装工程量计算 ····························· 94

10.1　预制构件分类 ··· 94

10.2　预制混凝土构件安装工程量计算规则 ······························· 94

10.3　预制柱的安装 ··· 95

10.4　预制梁的安装 ··· 95

10.5　预制板的安装 ··· 96

10.6　预制混凝土墙的安装 ··· 97

10.7　预制楼梯的安装 ··· 98

10.8　预制其他构件的安装 ··· 98

10.9　套筒注浆 ··· 100

10.10　嵌缝、打胶 ··· 101

第 11 章　装配式混凝土建筑后浇段工程量计算 ······················ 102

11.1　混凝土工程量计算 ·· 102

11.2　钢筋工程量计算 ·· 106

11.3　后浇段模板工程量计算 ·· 114

第 12 章　装配式混凝土建筑工程量清单报价实例 ···················· 117

12.1　装配式混凝土建筑工程量计算 ······································ 117

12.2　装配式混凝土建筑综合单价编制 ···································· 125

12.3　装配式混凝土建筑工程造价计算 ···································· 144

附录　装配式混凝土建筑施工图 ······································ 150

后记 ·· 202

第1章 概　论

1.1　装配式建筑的概念

装配式建筑是指用工厂生产的预制构件、部品部件在工地装配而成的建筑，包括装配式混凝土结构、钢结构、现代木结构，以及其他符合装配式建筑技术要求的结构体系建筑。本教材只介绍装配式混凝土结构建筑的工程造价计算方法。

1.2　什么是 PC

PC(Precast Concrete)，是装配式混凝土预制构件的简称，在学习装配式混凝土建筑计量与计价的课程内容时，首先要了解什么是 PC。

PC 构件厂的产品是按照标准图设计生产的混凝土构件，主要有外墙板、内墙板、叠合板、阳台、空调板、楼梯、预制梁、预制柱等(见图 1-1)，然后将工厂生产的 PC 构件运到建筑物施工现场，经装配、连接、部分现浇，装配成混凝土结构建筑物。

PC墙板

PC墙板

PC凸窗板

PC墙板

PC墙板

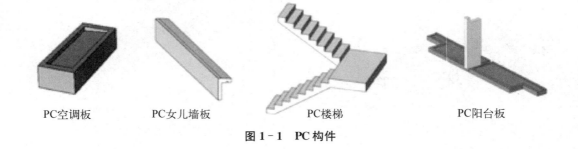

PC空调板　　　　　PC女儿墙板　　　　　PC楼梯　　　　　PC阳台板

图 1 - 1　PC 构件

1.2.1　用 PC 建造房屋建筑是先进的建造方式

传统的住宅建造方式中,建筑工人手工操作有误差,施工质量受工人技术水平影响较大;劳动密集,人力需求较大;容易产生大量垃圾、噪声污染等。与传统建造方法相比,PC住宅的产业化程度高、精密、高效、节能环保,对人力需求较低,可减少资源、能源消耗,减少装修垃圾,避免装修污染。如果整个住宅行业都能实行产业化生产,将大大推动房地产由粗放到集约的转变,也将节约大量的社会资源。

1.2.2　PC 是世界住宅产业发展趋势

从住宅产业化在全世界的发展趋势来看,住宅科技是推动产业化住宅发展的主导力量,各发达国家,特别是欧美和日本等国家地区,都结合自身实际制订了住宅科技发展规划,进一步完善 PC 住宅产业化,研究节能、节材、节水、节地及环保型工业化住宅技术。

1.3　PC 产业化流程简介

1.3.1　标准化图纸设计

精确的标准化 PC 设计图纸,让施工更加规范,避免了传统施工方式中边施工边进行修改而造成的返工等情况,大大节省了施工时间,流程也得到了极大简化。

1.3.2　预制件生产

实行工厂化的作业模式,将传统的建筑工地"搬进"工厂里,让房屋的每一个构件在工厂流水线上生产出来,从铸模、成型到养护,精确的构件只需在工地进行组装,即可成为产业化的住宅。

第一步,钢筋加工及安装钢模。钢筋经过工厂化机械加工、成型,并且通过人工抽检测量,确保尺寸标准;依据精确弹线标示,安装组合钢模模板。

第二步,内埋物入模。面砖、钢筋、门窗框等埋入物入模,并进行埋入物的人工检查。

第三步,混凝土浇筑。将按照标准调配好的混凝土填充进入钢模,进行混凝土的强度测验,确保质量合格。

第四步,构件表面处理。

对墙体表面进行抹平等处理,确保墙面平整。

第五步,蒸汽养护、脱模。对混凝土墙体进行蒸汽养护至其凝固成型,最终将墙体构件与模具脱离。

1.3.3　运输及现场堆放

开创性的 PC 产业化技术,带来了极其方便的材料运输。在传统建筑方式中,需要耗费大量时间分批运输的各种建筑材料,在 PC 技术的帮助下变成了各种建筑组件,传统的高成本多次运输,在一次性的运输中就得以完成。材料的运输大大节约了成本,半成品的建筑组件更节约了现场摆放空间,使得施工环境更加整洁。

1.3.4　现场吊装

第一步,现场吊装外墙板。做好场地清理、构件的复查与清理、构件的弹线与编号等准备工作,构件的堆放、构件的临时加固。

第二步,叠合板吊装。确保叠合结构中预制构件的叠合面符合设计要求,采取保证构件稳定的临时固定措施,并应根据水准点和轴线校正位置,最终进行永久固定。

1.3.5　外围护

第一步,PC 构件连接处理。外墙直接采用 PC 构件,采用上部固定、下端简支的吊挂方式,确保施工安全快捷,减少施工误差,做到无缝处理。

第二步,传统建筑接缝处理。仅仅采取抹灰等传统处理方法,无法确保接缝处的密封性,可能带来漏水等普遍性问题。

1.3.6　内部非毛坯

采用设备与建筑主体相分离的 SI(Skeleton Infill)住宅,Skeleton,意为住宅的壳,也就是住宅的结构体;Infill 意为内填充体,包括里面的管线、内装修等。SI 住宅是把结构体与充填体完全分离的一种施工方法。它改变了传统的在墙面、地面上开槽埋设水、电等管道线路及设备的施工方法,进行同层排水等技术的施工,实现土建与内部非毛坯的一体化,运用一系列绿色科技,免除自行装修烦扰,打造现代生态家居。

1.3.7　验收交付

在交房之前,会向每一个客户进行工程进度通报、产品细部检查和工地开发活动,确保在交付时提供零缺陷的产品,并关注解决业主在交付、装修、搬迁过程中所遇到的问题,以远高于国家规定的交付标准给每一位客户一个安心的家。在业主入住 3 个月后,工作人员还会进行满意度回访。

1.4　PC 的 价 值

产业化住宅更会带来传统建筑方式无法比拟的结构安全、防火安全、耐久性能、保温隔热性能、采光照明性能、隔音性能等各方面的大幅提升。与传统的建筑方式相比,以 PC 产业化住宅技术打造的产业化住宅,具有传统建筑所没有的众多优势。

1.4.1　更高品质的住宅

零裂缝、零渗漏:不同于传统房屋仅仅在接缝处进行抹灰处理,PC 产业化技术房屋外墙以更精确的制造标准、钢制磨具工厂生产、更好的接缝处理解决了墙面开裂问题,让渗漏率极大降低,轻松享受接近零渗漏的舒适生活。

维护方便:采用了同层排水等系统,利于施工排线;装饰面、管道线路与建筑结构相分离,利于维护。

1.4.2　更精确的住宅

建筑精确度比传统建筑方式提高一倍以上,精度偏差以毫米计,真正以造汽车的精确方式建造房子。

更耐久的住宅：PC 产业化住宅相比传统住宅，更加坚固耐久，不会出现面砖脱落等传统住宅常见的问题，保证了居住者的长久舒适，也让房子长久如新，实现自身的保值。

1.4.3　交房周期更短

PC 技术与传统施工方法相比，可以加快工期 20％～30％，让居住者提早体验新房子里的舒适生活。

1.4.4　更高的生产效率

传统建筑方式过度依赖大量的现场劳动力，与当前劳动力不足的现实情况的矛盾日益凸显，而采用 PC 技术使施工现场工人可减少 80％以上，同时能达到更高的效率。PC 技术大量的工厂化作业让劳动效率大大提升，带给建筑行业更好的发展可能。

1.4.5　更先进的生产方式

采用工厂化的生产加工方法，由工厂加工到现场装配，再到后期的装修维护，形成了固定统一的标准化生产流程，形成了比传统建筑方式更加先进的生产流程，也使建筑产业的发展走向更加规范、有序。世界大多数发达国家，特别是欧美和日本等国家，都在 PC 住宅产业化道路上取得了长足的发展，并制订了未来住宅科技发展的规划，进一步完善 PC 住宅产业化。

1.4.6　更加文明的施工现场

PC 产业化技术现场施工作业量的减少、更整洁的施工现场，大大减少了噪声、粉尘等污染，最大限度地减少了对周边环境的污染，让周边居民享有一个更加安宁整洁的无干扰环境。

1.4.7　更大节约和更少污染

从目前的数据来看，如果住宅行业的每一家企业都能推行 PC 产业化生产，将会为社会节约大量的水、大量的混凝土、大量的钢材、大量的标准煤。

采用 PC 技术，由于干式作业取代了湿式作业，现场施工的作业量和污染排放明显减少。与传统施工方法相比，建筑垃圾可减少 83％。

1.4.8　更少劳动力依赖

当建筑业对劳动力资源的需求不断紧缺时,传统的建筑方法对劳动力的密集依赖却无法改变。工厂化施工的集中进行、现场施工作业量的大大减少,施工现场工人最大可减少89％,PC 产业化建造模式比传统建造模式大大节约了人力资源,同时可以提高施工效率4～5 倍,进而又缩短了工期。

1.5　成品住宅

成品住宅也称全装修成品住宅(见图1-2),是指房屋交付使用前,所有功能空间的固定面已全部铺装或粉刷完成,厨房和卫生间的基本设备已全部安装完成,能满足基本生活要求(拎包入住)的(精装修)住宅。

图 1-2　成品住宅

自2016 年9 月国务院办公厅发布《关于大力发展装配式建筑的指导意见》以来,截至2017年3 月,全国30 多个省市区推出装配式建筑的相关政策,要求"十三五"期间(2016—2020 年)装配式建筑占新建建筑的比例30％以上;新开工全装修成品住宅面积比率30％以上;"十四五"期间(2021—2025 年)装配式建筑占新建建筑比例要达到50％以上,全面普及成品住宅。

1.6　建筑部品化

建筑部品化,就是运用现代化的工业生产技术将柱、梁、墙、板、屋盖甚至是整体卫生间、整体厨房等建筑构配件、部件实现工厂化预制生产,使之能达到运输至建筑施工现场进行"搭积木"式的简捷化装配安装来完成的建筑工程(见图1-3)。

图 1－3　建筑部品化

(a) 搭积木式的盒子建筑　(b) PC 工厂预制的住宅外墙　(c) 现场吊装 PC 楼板　(d) 现场吊装 PC 柱、梁

1.7　预 制 构 件

　　预制构件,是指预先制作后安装的混凝土构件。目前,装配式预制构件主要在 PC 构件厂生产,然后运输到建筑物施工现场后进行组装。

　　一般常见的有预制混凝土墙板、预制混凝土梁、预制混凝土柱、预制混凝土楼梯等(见图 1－4)。

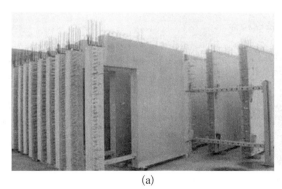

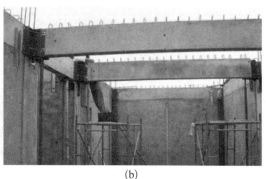

(a)　　　　　　　　　　　　　　　　　　(b)

图 1-4　预制构件

（a）PC 墙板　　（b）吊装完成的 PC 梁　　（c）PC 柱　　（d）PC 楼梯段　　（e）PC 屋面板　　（f）PC 建筑物　　（g）PC 墙板组装

1.8　住宅部品术语

　　中华人民共和国国家质量监督检验检疫总局、中国国家标准化管理委员会 2008 年 12 月 24 日发布了《住宅部品术语》（GB/T 22633—2008）国家标准，主要内容摘录如下。

1.8.1　住宅部品

按照一定的边界条件和配套技术,由两个或两个以上的住宅单一产品或复合产品在现场组装而成,构成住宅某一部位中的一个功能单元,能满足该部位一项或几项功能要求的产品。包括屋顶、墙体、楼板、门窗、隔墙、卫生间、厨房、阳台、楼梯、储柜等部品类别。

1.8.2　屋顶部品

由屋面饰面层、保护层、防水层、保温层、隔热层、屋架等中的两种或者两种以上产品按一定的构造方法组合而成,满足一种或几种屋顶功能要求的产品(见图1-5)。

(a)　　　　　　　　　　　　　　　　(b)

　　　　　　　　　　　　　　　　　　保护层
　　　　　　　　　　　　　　　　　　结合层
　　　　　　　　　　　　　　　　　　保温层
　　　　　　　　　　　　　　　　　　防水层
　　　　　　　　　　　　　　　　　　找平层
　　　　　　　　　　　　　　　　　　找坡层
　　　　　　　　　　　　　　　　　　结构层

(c)　　　　　　　　　　　　　　　　(d)

图 1-5　屋顶部品

(a)木结构屋盖部品　(b)混凝土结构屋盖部品　(c)PC屋盖部品　(d)PC屋盖部品做法

1.8.3　墙体部品

由墙体材料、结构支撑体、隔声材料、保温材料、隔热材料、饰面材料等中的两种或者两种以上产品按一定的构造方法组合而成,满足一种或几种墙体功能要求的产品(见图1-6)。

图 1-6 墙体部品

1.8.4 楼板部品

由面层、结构层、附加层(保温层、隔声层等)、吊顶层等中的两种或者两种以上产品按一定的构造方法组合而成,满足一种或几种楼板功能要求的产品(见图 1-7)。

(a)

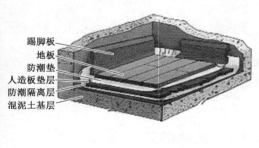

踢脚板
地板
防潮垫
人造板垫层
防潮隔离层
混泥土基层

(b)

图 1-7 楼板部品

1.8.5　门窗部品

由门、门框、窗扇、窗框、门窗五金、密封层、保温层、窗台板、门窗套板、遮阳等中的两种或者两种以上产品按一定的构造方法组合而成,满足一种或几种门窗功能要求的产品(见图 1-8)。

图 1-8　门窗部品

1.8.6　隔墙部品

由墙体材料、骨架材料、门窗等其中的两种或者两种以上产品按一定的构造方法组合而成的非承重隔墙和隔断,满足一种或几种隔墙和隔断功能要求的产品(见图 1-9)。

图 1-9　隔墙部品

1.8.7　卫生间部品

由洁具、管道、给排水和通风设施等产品,按照配套技术组装,满足便溺、洗浴、盥洗、通风等一个或多个卫生功能要求的产品(见图 1-10)。

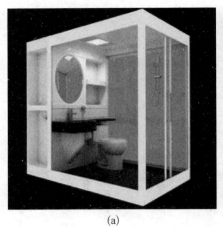

(a)　　　　　　　　　　　　(b)

图 1－10　卫生间部品

（a）盥洗　（b）洗浴

1.8.8　厨房部品

由烹调、通风排烟、食品加工、清洗、贮藏等产品,按照配套技术组装,满足一个或多个厨房功能要求的产品(见图 1－11)。

图 1－11　厨房部品

1.8.9　阳台部品

由阳台地板、栏板、栏杆、扶手、连接件、排水设施等产品,按一定构造方法组合而成,满足一种或几种阳台功能要求的产品(见图 1－12)。

图 1-12　阳台部品

1.8.10　楼梯部品

由梯段、楼梯平台、栏杆、扶手等中的两种或者两种以上产品,按一定构造方法组合而成,满足一种或几种楼梯功能要求的产品(见图 1-13)。

图 1-13　楼梯部品

1.8.11　储柜部品

由门扇、轨道、家具五金、隔板等产品,按一定构造方法组合而成,满足固定储藏功能要求的产品(见图 1 – 14)。

图 1 – 14　储柜部品

1.8.12　工厂化生产

采用专用成套技术、工艺设备,在工厂生产出符合一项或者几项功能要求的住宅部品的过程(见图 1 – 15)。

(a)

（b）

（c）

（d）

（e）

图 1－15　工厂化生产

（a）PC 厂预制墙板　（b）PC 墙板堆放　（c）PC 墙板运输　（d）PC 墙板吊装　（e）装配式建筑

1.8.13　配套技术

在设计、生产、组装等方面,有相互联系并能协调一致的技术手段。

1.8.14　现场组装

将工厂化生产的材料、制品或部品,按照一定的方法,在施工现场进行组合安装(见图 1－16)。

图 1‑16 现场组装

1.8.15 功能要求

具有满足强度和稳定性、防火安全、卫生和环保、使用安全、防噪声、节能灯方面功能上的要求。

1.8.16 边界条件

住宅部品和材料、制品、部品之间以及与部品建筑之间的连接、协调、配套的组合要求。

1.9 预制率与建筑装配率

1.9.1 预制率

预制率也称建筑单体预制率,是指混凝土结构装配式建筑±0.000以上主体结构和围护结构中预制构件部分的混凝土用量占建筑单体混凝土总用量的比率。

其中,预制构件包括以下类型:墙体(剪力墙、外挂墙板)、柱/斜撑、梁、楼板、楼梯、凸窗、空调板、阳台板、女儿墙。

$$建筑单体预制率=\frac{预制构件、部品部件混凝土体积}{现浇部分混凝土体积+预制构件、部品部件混凝土体积}\times100\%$$

例如,某单体建筑的预制构件、部品部件混凝土体积为 8 066 m³,现浇部分混凝土体积为 5 210 m³,求建筑单体预制率。

1.9.2　建筑单体装配率

建筑单体装配率,是指装配式建筑中预制构件、建筑部品的数量(或面积)占同类构件或部品总数量(或面积)的比率。

建筑单体装配率的计算公式为

$$建筑单体装配率=建筑单体预制率+部品装配率+其他$$

1.9.3　部品装配率

部品装配率包含以下 7 项:预制内隔墙、全装修、单元式幕墙、集成式厨房、集成式卫生间、集成管道井、集成排烟道。其计算式为

$$部品装配率=\sum(部品权重\times部品比例)\times100\%$$

部品权重系数如表 1-1 所示。

表 1-1　部品权重系数

序　　数	装配率评分项	权 重 系 数
1	预制内隔墙	0.06
2	全 装 修	0.12
3	单元式幕墙	0.05
4	集成式厨房	0.02
5	集成式卫生间	0.02
6	集成管道井	0.01
7	集成排烟道	0.01

注:(1) 预制内隔墙是指采用标准化设计、工厂化生产、装配化施工为主要特征的干式安装内隔墙,不包括混凝土砖、空心砖、加气混凝土砌块等块材隔墙。
(2) 全装修,指房屋交付前,各功能空间的固定面全部铺装或粉刷完毕,厨房与卫生间的基本设备全部安装完成。全装修并不是简单的毛坯房加装修,按建设部规定,全装修设计应该在建筑主体施工动工前进行,即装修与土建安装必须进行一体化设计。
(3) 单元式幕墙,是指由各种墙面板与支承框架在工厂制成完整的幕墙结构基本单位,直接安装在主体结构上的建筑幕墙。

1.9.4 部品比例计算公式

$$预制内墙 = \frac{建筑单体中预制内隔墙(线)总长度}{建筑单体全部内隔墙(线)总长度}$$

$$全装修比例 = \frac{建筑单体采用全装修房间的总建筑面积}{建筑单体总建筑面积}$$

$$单元式幕墙比例 = \frac{建筑单体单元式幕墙总面积}{建筑单体幕墙总面积}$$

$$集成式厨房比例 = \frac{建筑单体采用集成式厨房总数量}{建筑单体全部厨房总数量}$$

$$集成式卫生间比例 = \frac{建筑单体采用集成式卫生间总数量}{建筑单体全部卫生间总数量}$$

$$集成管道井比例 = \frac{建筑单体采用集成式管道井总数量}{建筑单体全部管道井总数量}$$

$$集成排烟道比例 = \frac{建筑单体采用集成排烟道总数量}{建筑单体全部排烟道总数量}$$

1.10 其他技术采用比例计算公式

其他技术主要包括结构与保温一体化、墙体与窗框一体化、集成式墙体、集成式楼板、组合成型钢筋制品、定型模板。

1.10.1 结构与保温一体化

是指保温层与建筑结构同步施工完成,围护结构不需另行采取保温措施即可满足现行建筑节能标准的建筑节能技术。

1.10.2 墙体与窗框一体化

是指将墙体和窗框一起在工厂预制,从而提高窗的气密性和水密性,同时保证外窗框刚度满足抗变形性能要求的工业化技术。

1.10.3　集成式墙体

是指集建筑墙体、装饰装修和预埋设备管线于一体,在工厂完成预制,现场直接安装的墙体。

1.10.4　集成式楼板

是指集楼板的承力、建筑装修和预埋设备管线于一体,在工厂完成预制,现场直接安装的楼板。

1.10.5　组合成型钢筋制品

是指施工现场现浇部分按规定形状、尺寸通过机械加工成型的钢筋,经过组合形成二维或三维的钢筋制品。如钢筋网片、钢筋笼等。

1.10.6　定型模板

是指由施工现场定型单元平面模板、内角和外角模板以及连接件组成,可在施工现场拼装成多种形式的浇筑混凝土模板,如铝模等。

1.10.7　应用比例定义

$$结构与保温一体化比例=\frac{建筑单体结构与保温一体化外墙总长度}{建筑单体所有带保温结构外墙总长度}$$

$$墙体与窗框一体化比例=\frac{建筑单体墙体窗框一体化窗扇总数}{建筑单体所有窗扇总数量}$$

$$集成式墙体比例=\frac{建筑单体集成式墙体总长度}{建筑单体所有墙体总长度}$$

$$集成式楼板比例=\frac{建筑单体采用集成式楼板总面积}{建筑单体全部楼板总面积}$$

$$组合成型钢筋成品比例=\frac{建筑单体中组合成型钢筋制品总重量}{建筑单体全部钢筋总重量}$$

$$定型钢模板比例＝\frac{建筑单体中定型钢模总面积}{建筑单体全部模板总面积}$$

1.11 装配式建筑的优缺点

1.11.1 优点

（1）构件可在工厂内进行成品化生产，施工现场可直接安装，方便又快捷，可大大缩短施工工期。

（2）构件在工厂采用机械化生产，产品质量更容易得到有效控制。

（3）周转料具投入量减少，可降低料具租赁费用。

（4）减少施工现场湿作业量，有利于环境保护。

（5）因施工现场作业量减少，可在一定程度上降低材料浪费数量。

（6）构件机械化程度高，可较大减少现场施工人员配备。

1.11.2 缺点

（1）由于受到设计、验收规范、施工技术滞后的影响，施工装配式建筑在建筑物总高度及层高上会有一定的限制。

（2）预制构件、部品部件内预埋件、螺栓等使用量有较大增加，会增加产品成本。

（3）会受到生产模具限制及运输（水平、垂直）的限制，构件尺寸不能过大。

（4）对现场垂直运输机械要求较高，需使用较大型的吊装机械。

（5）若构件预制厂距离施工现场过远，会增加较多的运输成本。

总之，装配式建筑的主要优点是能实现标准化设计、工厂化生产、装配化施工、一体化装修、信息化管理和智能化应用，进而提高技术水平和工程质量，促进建筑产业转型升级。

1.12 BIM 应用是实现装配式建筑的技术核心

与传统建筑不同，装配式建筑的典型特征是标准化的预制构件或部品在工厂生产，然后运输到施工现场装配、组装成整体。这意味着从设计的初始阶段即需要考虑构件的加工生产、施工安装、维护保养等，并在设计过程中与结构、设备、电气、内装专业紧密沟通，进行全专业、全过程的一体化思考，实现"标准化设计、工厂化生产、装配式施工、一体化装修、信息化管理"。

要实现装配式建筑的普及应用,BIM 应用是技术核心。为避免预制构件在现场安装不上,造成返工与资源浪费等问题,保证设计、生产、装配的全流程管理,BIM 技术的应用势在必行。

装配式建筑传统的建设模式中,设计、工厂制造、现场安装三个阶段是分离的,设计得不合理,往往只能在安装过程中才会发现,造成变更和浪费,甚至影响质量。BIM 技术的引入,将设计方案、制造需求、安装需求集成在 BIM 模型中,在实际建造前统筹考虑各种要求,把实际制造、安装过程中可能产生的问题提前消灭。

与传统建筑方式采用 BIM 类似,装配式建筑的 BIM 应用有利于通过可视化的设计实现人机友好协同和更为精细化的设计。引入 BIM 技术后,建立装配式建筑的 BIM 构件库,就可模拟工厂加工,以"预制构件模型"的方式来进行系统集成和表达。据了解,目前以品茗股份为代表的 BIM 行业企业正积极搭建 BIM 族库,不断增加和丰富 BIM 虚拟构件的数量、种类和规格,逐步构建标准化预制构件库。

BIM+装配式建筑,颠覆了传统建筑业。作为 2017 年建筑领域的两大热词,如果说装配式建筑是生产方式的变革,那么 BIM 应用则是推动这一变革的重要技术手段。

BIM 技术服务于设计、建设、运维、拆除的全生命周期,可以数字化虚拟、信息化描述各种系统要素,实现信息化协同设计、可视化装配,工程量信息的交互和节点连接模拟及检验等全新运用。通过 BIM 技术的应用,装配式建筑将整合建筑全产业链,实现全过程、全方位的信息化集成。

在工业化元素和信息化元素连接越来越紧密的时代,BIM 技术将与装配式建筑实现完美融合,推动建筑业的创新发展,甚至颠覆传统建筑业。

第2章
装配式建筑工程造价计价原理

2.1 装配式建筑计算工程造价的特点

装配式建筑工程造价的特点是由装配式建筑的特性和生产方式决定的。

2.1.1 装配式建筑的特性

1）标准化特性

装配式建筑特别是装配式住宅，采用标准化设计的施工图进行建造。预制构件标准化、住宅部品标准化是装配式建筑的重要特性。

2）预制率高特性

装配式建筑特别是装配式混凝土建筑构件的预制率较高。可以根据建筑预制构件的标准图设计，实现工业化、大批量的生产。

3）机械化程度高特性

大量预制混凝土构件在 PC 工厂大规模生产、大型运输设备及吊装设备将预制混凝土构件快速运往施工现场进行组装，实现了高机械化程度的施工生产目标。

4）快速组合特性

装配式建筑实现了将 PC 构件与住宅部品快速组合的施工生产工艺，提高了工程质量，加快了建筑安装与装饰的综合性施工进度，带来了经济效益和社会效益。

2.1.2 装配式建筑工程造价的特性

装配式建筑工程造价的特性由装配式建筑的特性所引起。

1）PC 工厂产品价格高

目前的 PC 工厂往往采用信息化、自动化、集成化程度很高的进口成套设备生产预制混凝土构件。该生产设备具有摊销价值高、折旧期长的特点。所以，与传统生产工艺比较，提高了 PC 构件的价格。

另外，PC 构件的运输需要专用的运输设备运到施工现场。运输距离超过合理的范围，必然增加 PC 构件的运输成本。

2）部品化特性改变了计价方式

装配式建筑的基础部分还是采用传统的现浇混凝土的方式，可以根据传统计价定额用分部分项工程项目来计算工程造价。

住宅部品化后，构成工程造价的实体单元是以各部品的形式出现。一个部品往往由两个或者两个以上的分项工程按其功能要求组合而成，计价过程具有综合性特征。因此，装配式部品化特性，改变了传统的工程造价计价方式。

3）市场定价逐渐占据主导地位

PC 工厂的预制构件是产品，屋顶、墙体、楼板、门窗、隔墙、卫生间、厨房、阳台、楼梯、储柜等部品分别由各工厂生产。这些产品都有出厂价或者生产价，不会按照什么计价定额来确定单价。通过市场交易、采用市场价确定部品价格已经成为确定工程造价的主流。

2.2　确定装配式建筑工程造价的方法

2.2.1　建筑物基础部分由分部分项工程单位估计法确定工程造价

装配式建筑物基础部分，我们可以采用传统的单位估计法来确定工程造价，以人工费为取费基础。其数学模型构建如下（方法 1）：

$$
\begin{aligned}
基础部分工程造价 = \Big\{ &\sum \big[基础部分的分项工程量 \times 定额基价（不含增值税）\big] \\
&+ \sum （基础部分的分项工程量 \times 定额人工单价） \\
&\times （1 + 管理费率 + 利润率 + 措施项目费率 \\
&+ 其他项目费率 + 规费率）\Big\} \times （1 + 增值税率）
\end{aligned}
$$

2.2.2　装配式预制构件依据消耗量定额采用实物金额法确定工程造价

装配式预制构件依据消耗量定额采用实物金额法确定工程造价，工程直接费为取费

基础。其数学模型构建如下(方法2):

$$预制构件工程造价 = \left\{ \left[\sum 预制构件制作工程量 \times 定额基价(不含增值税) \right] \right.$$

$$+ \left[\sum 预制构件运输工程量 \times 定额基价(不含增值税) \right]$$

$$\left. + \left[\sum 预制构件吊装工程量 \times 定额计价(不含增值税) \right] \right\}$$

$$\times (1 + 管理费率 + 利润率 + 措施项目费率$$

$$+ 其他项目费率 + 规费率) \times (1 + 增值税率)$$

2.2.3 住宅部品采用市场价确定工程造价

住宅部品可以采用市场价确定工程造价。其数学模型构建如下(方法3):

$$住宅部品工程造价 = \left\{ \left[\sum 住宅部品数量 \times 市场价(不含增值税) \right] \right.$$

$$+ \left[\sum 住宅部品运输数量 \times 市场价(不含增值税) \right]$$

$$\left. + \left[\sum 住宅部品安装数量 \times 市场价(不含增值税) \right] \right\}$$

$$\times (1 + 管理费率 + 利润率 + 措施项目费率$$

$$+ 其他项目费率 + 规费率) \times (1 + 增值税率)$$

$$装配式建筑工程造价 = 基础造价 + 预制构件造价 + 住宅部品造价$$

综上所述,装配式建筑工程造价,一般要根据具体情况采用上述一种、两种或三种方法进行计算。

第**3**章
装配式建筑工程造价费用构成与计算程序

3.1 概 述

3.1.1 建标〔2013〕44号文规定建筑安装工程费用构成

　　装配式建筑工程造价费用构成依据住房和城乡建设部、财政部2013年颁发《建筑安装工程费用项目组成》(建标〔2013〕44号)文规定建筑安装工程费用项目组成内容(见表3-1)。

表3-1　建标〔2013〕44号文建筑安装工程费用构成

序　号	费　用	组 成 内 容
1	分部分项工程费	人工费
		材料费
		施工机具使用费
		企业管理费
		利润
2	措施项目费	单价措施项目费
		总价措施项目费
3	其他项目费	暂列金额
		计日工
		总承包服务费

序　号	费　用	组　成　内　容
4	规　费	社会保险费
		住房公积金
		工程排污费
5	税　金	营业税
		城市建设维护税
		教育费附加
		地方教育费附加

3.1.2　营改增后规定建筑安装工程费用构成

营改增后规定建筑安装工程费用构成内容如表3-2所示。

表3-2　营改增后建筑安装工程费用项目组成

序　号	费　用	组　成　内　容
1	分部分项工程费	人工费
		材料费
		施工机具使用费
		企业管理费(含城市建设维护税、教育费附加、地方教育费附加)
		利润
2	措施项目费	单价措施项目费
		总价措施项目费
3	其他项目费	暂列金额
		计日工
		总承包服务费
4	规　费	社会保险费
		住房公积金
		工程排污费
5	税　金	增值税

3.2　分部分项工程费

3.2.1　人工费

人工费是指按工资总额构成规定,支付给从事建筑安装工程施工的生产工人和附属生产单位工人的各项费用。内容包括:

1) 计时工资或计件工资

是指按计时工资标准和工作时间或对已做工作按计件单价支付给个人的劳动报酬。

2) 奖金

是指对超额劳动和增收节支支付给个人的劳动报酬,如节约奖、劳动竞赛奖等。

3) 津贴补贴

是指为了补偿职工特殊或额外的劳动消耗和因其他特殊原因支付给个人的津贴,以及为了保证职工工资水平不受物价影响支付给个人的物价补贴,如流动施工津贴、特殊地区施工津贴、高温(寒)作业临时津贴、高空津贴等。

4) 加班加点工资

是指按规定支付的在法定节假日工作的加班工资和在法定日工作时间外延时工作的加点工资。

5) 特殊情况下支付的工资

是指根据国家法律、法规和政策规定,因病、工伤、产假、计划生育假、婚丧假、事假、探亲假、定期休假、停工学习、执行国家或社会义务等原因按计时工资标准或计时工资标准的一定比例支付的工资。

3.2.2　材料费

材料费是指施工过程中耗费的原材料、辅助材料、构配件、零件、半成品或成品、工程设备的费用。内容包括:

1) 材料原价

是指材料、工程设备的出厂价格或商家供应价格。

2) 运杂费

是指材料、工程设备自来源地运至工地仓库或指定堆放地点所发生的全部费用。

3) 运输损耗费

是指材料在运输装卸过程中不可避免的损耗。

4）采购及保管费

是指为组织采购、供应和保管材料、工程设备的过程中所需要的各项费用。包括采购费、仓储费、工地保管费、仓储损耗。

工程设备是指构成或计划构成永久工程一部分的机电设备、金属结构设备、仪器装置及其他类似的设备和装置。

3.2.3　施工机具使用费

施工机具使用费是指施工作业所发生的施工机械、仪器仪表使用费或其租赁费。

1）施工机械使用费

以施工机械台班耗用量乘以施工机械台班单价表示,施工机械台班单价应由下列七项费用组成:

(1) 折旧费。指施工机械在规定的使用年限内,陆续收回其原值的费用。

(2) 大修理费。指施工机械按规定的大修理间隔台班进行必要的大修理,以恢复其正常功能所需的费用。

(3) 经常修理费。指施工机械除大修理以外的各级保养和临时故障排除所需的费用。包括为保障机械正常运转所需替换设备与随机配备工具附具的摊销和维护费用,机械运转中日常保养所需润滑与擦拭的材料费用及机械停滞期间的维护和保养费用等。

(4) 安拆费及场外运费。安拆费指施工机械(大型机械除外)在现场进行安装与拆卸所需的人工、材料、机械和试运转费用以及机械辅助设施的折旧、搭设、拆除等费用;场外运费指施工机械整体或分体自停放地点运至施工现场或由一施工地点运至另一施工地点的运输、装卸、辅助材料及架线等费用。

(5) 人工费。指机上司机(司炉)和其他操作人员的人工费。

(6) 燃料动力费。指施工机械在运转作业中所消耗的各种燃料及水、电等的费用。

(7) 税费。指施工机械按照国家规定应缴纳的车船使用税、保险费及年检费等。

2）仪器仪表使用费

是指工程施工所需使用的仪器仪表的摊销及维修费用。

3.2.4　企业管理费

企业管理费是指建筑安装企业组织施工生产和经营管理所需的费用。内容包括:

1）管理人员工资

管理人员工资是指按规定支付给管理人员的计时工资、奖金、津贴补贴、加班加点工资及特殊情况下支付的工资等。

2）办公费

办公费是指企业管理办公用的文具、纸张、账表、印刷、邮电、书报、办公软件、现场监控、会议、水电、烧水和集体取暖降温（包括现场临时宿舍取暖降温）等费用。

3）差旅交通费

差旅交通费是指职工因公出差、调动工作的差旅费、住勤补助费、市内交通费和误餐补助费，职工探亲路费，劳动力招募费，职工退休、退职一次性路费，工伤人员就医路费，工地转移费以及管理部门使用的交通工具的油料、燃料等费用。

4）固定资产使用费

固定资产使用费是指管理和试验部门及附属生产单位使用的属于固定资产的房屋、设备、仪器等的折旧、大修、维修或租赁费。

5）工具用具使用费

工具用具使用费是指企业施工生产和管理使用的不属于固定资产的工具、器具、家具、交通工具和检验、试验、测绘、消防用具等的购置、维修和摊销费。

6）劳动保险和职工福利费

劳动保险和职工福利费是指由企业支付的职工退职金、按规定支付给离休干部的经费，集体福利费、夏季防暑降温、冬季取暖补贴、上下班交通补贴等。

7）劳动保护费

劳动保护费是企业按规定发放的劳动保护用品的支出，如工作服、手套、防暑降温饮料以及在有碍身体健康的环境中施工的保健费用等。

8）检验试验费

检验试验费是指施工企业按照有关标准规定，对建筑以及材料、构件和建筑安装物进行一般鉴定、检查所发生的费用，包括自设试验室进行试验所耗用的材料等费用。不包括新结构、新材料的试验费，对构件做破坏性试验及其他特殊要求检验试验的费用和建设单位委托检测机构进行检测的费用，对此类检测发生的费用，由建设单位在工程建设其他费用中列支。但对施工企业提供的具有合格证明的材料进行检测不合格的，该检测费用由施工企业支付。

9）工会经费

工会经费是指企业按《工会法》规定的全部职工工资总额比例计提的工会经费。

10）职工教育经费

职工教育经费是指按职工工资总额的规定比例计提，企业为职工进行专业技术和职业技能培训，专业技术人员继续教育、职工职业技能鉴定、职业资格认定以及根据需要对职工进行各类文化教育所发生的费用。

11）财产保险费

财产保险费是指施工管理用财产、车辆等的保险费用。

12）财务费

财务费是指企业为施工生产筹集资金或提供预付款担保、履约担保、职工工资支付担保等所发生的各种费用。

13）税金

税金是指企业按规定缴纳的城市维护建设税、教育费附加、地方教育附加，还包括房产税、车船使用税、土地使用税、印花税等。

14）其他费用

其他费用包括技术转让费、技术开发费、投标费、业务招待费、绿化费、广告费、公证费、法律顾问费、审计费、咨询费、保险费等。

3.2.5 利润

利润是指施工企业完成所承包工程获得的盈利。

3.3 措施项目费

措施项目费是指为完成建设工程施工，发生于该工程施工前和施工过程中的技术、生活、安全、环境保护等方面的费用。内容包括：

3.3.1 安全文明施工费

（1）环境保护费。是指施工现场为达到环保部门要求所需要的各项费用。

（2）文明施工费。是指施工现场文明施工所需要的各项费用。

（3）安全施工费。是指施工现场安全施工所需要的各项费用。

（4）临时设施费。是指施工企业为进行建设工程施工所必须搭设的生活和生产用的临时建筑物、构筑物和其他临时设施费用。包括临时设施的搭设、维修、拆除、清理费或摊销费等。

3.3.2 夜间施工增加费

夜间施工增加费是指因夜间施工所发生的夜班补助费、夜间施工降效、夜间施工照明设备摊销及照明用电等费用。

3.3.3 二次搬运费

二次搬运费是指因施工场地条件限制而发生的材料、构配件、半成品等一次运输不能到达堆放地点,必须进行二次或多次搬运所发生的费用。

3.3.4　冬雨季施工增加费

冬雨季施工增加费是指在冬季或雨季施工需增加的临时设施、防滑、排除雨雪,人工及施工机械效率降低等费用。

3.3.5　已完工程及设备保护费

已完工程及设备保护费是指竣工验收前,对已完工程及设备采取的必要保护措施所发生的费用。

3.3.6　工程定位复测费

工程定位复测费是指工程施工过程中进行全部施工测量放线和复测工作的费用。

3.3.7　特殊地区施工增加费

特殊地区施工增加费是指工程在沙漠或其边缘地区、高海拔、高寒、原始森林等特殊地区施工增加的费用。

3.3.8　大型机械设备进出场及安拆费

大型机械设备进出场及安拆费是指机械整体或分体自停放场地运至施工现场或由一个施工地点运至另一个施工地点,所发生的机械进出场运输及转移费用及机械在施工现场进行安装、拆卸所需的人工费、材料费、机械费、试运转费和安装所需的辅助设施的费用。

3.3.9　脚手架工程费

脚手架工程费是指施工需要的各种脚手架搭、拆、运输费用以及脚手架购置费的摊销(或租赁)费用。

措施项目及其包含的内容详见各类专业工程的现行国家或行业计量规范。

3.4 其他项目费

3.4.1 暂列金额

暂列金额是指建设单位在工程量清单中暂定并包括在工程合同价款中的一笔款项。用于施工合同签订时尚未确定或者不可预见的所需材料、工程设备、服务的采购,施工中可能发生的工程变更、合同约定调整因素出现时的工程价款调整以及发生的索赔、现场签证确认等的费用。

3.4.2 计日工

计日工是指在施工过程中,施工企业完成建设单位提出的施工图纸以外的零星项目或工作所需的费用。

3.4.3 总承包服务费

总承包服务费是指总承包人为配合、协调建设单位进行的专业工程发包,对建设单位自行采购的材料、工程设备等进行保管以及施工现场管理、竣工资料汇总整理等服务所需的费用。

3.5 规　　费

规费是指按国家法律、法规规定,由省级政府和省级有关权力部门规定必须缴纳或计取的费用。

3.5.1 社会保险费

(1)养老保险费。是指企业按照规定标准为职工缴纳的基本养老保险费。

(2)失业保险费。是指企业按照规定标准为职工缴纳的失业保险费。

(3)医疗保险费。是指企业按照规定标准为职工缴纳的基本医疗保险费。

(4)生育保险费。是指企业按照规定标准为职工缴纳的生育保险费。

(5)工伤保险费。是指企业按照规定标准为职工缴纳的工伤保险费。

3.5.2　住房公积金

是指企业按规定标准为职工缴纳的住房公积金。

3.5.3　工程排污费

是指按规定缴纳的施工现场工程排污费。

其他应列而未列入的规费,按实际发生计取。

3.6　增　值　税

3.6.1　增值税的含义

增值税是指国家税法规定应计入建筑安装工程造价的税种。

增值税是对纳税人生产经营活动的增值额征收的一种税,是流转税的一种。

增值额是纳税人生产经营活动实现的销售额与其从其他纳税人购入货物、劳务、服务之间的差额。

3.6.2　增值税计算方法

《住房城乡建设部办公厅关于做好建筑业营改增建设工程计价依据调整准备工作的通知》建办标〔2016〕4 号文要求,工程造价计算方法如下:

$$工程造价＝税前工程造价×(1＋11\%)$$

其中,11% 为建筑业拟征增值税税率,税前工程造价为人工费、材料费、施工机具使用费、企业管理费、利润和规费之和,各费用项目均以不包含增值税可抵扣进项税额的价格计算,相应计价依据按上述方法调整。

3.7　装配式建筑工程造价计算程序

装配式建筑工程造价计算程序如表 3-3 所示。

表 3－3 装配式建筑工程造价计算程序

序号	费用项目			计算基础	计算式
1	分部分项工程费	人工费		直接费	定额直接费＝∑（分部分项工程量×定额基价） 工料价差调整＝定额人工费×调整系数＋∑（材料用量×材料价差）
		人工价差调整			
		材料费			
		材料价差调整			
		机械（具）费			
		企业管理费 包含：城市维护建设税 　　　教育费附加 　　　地方教育费附加		定额人工费	定额人工费×管理费率
		利润		定额人工费	定额人工费×利润率
2	措施项目费	单价措施项目	人工费	单价措施项目直接费	定额直接费＝∑（单价措施项目工程量×定额基价） 工料价差调整＝定额人工费×调整系数＋∑（材料用量×材料价差）
			人工价差调整		
			材料费		
			材料价差调整		
			机械（具）费		
			企业管理费	单价措施项目定额人工费	单价措施项目定额人工费×间接费率
			利润	单价措施项目定额人工费	单价措施项目定额人工费×利润率
		总价措施	安全文明施工费	分部分项工程定额人工费＋单价措施项目定额人工费	（分部分项工程定额人工费＋单价措施项目定额人工费）×措施费率
			夜间施工增加费		
			二次搬运费		
			冬雨季施工增加费		
3	其他项目费	总承包服务费		分包工程造价	分包工程造价×费率
		暂列金额		根据招标工程量清单列出的项目计算	
		暂估价			
		计日工			
4	规费	社会保险费		分部分项工程定额人工费＋单价措施项目定额人工费	（分部分项工程定额人工费＋单价措施项目定额人工费）×费率
		住房公积金			
		工程排污费			
5		税前造价		序1＋序2＋序3＋序4	
6	税金	增值税		税前造价	税前造价×11%

工程造价＝序1＋序2＋序3＋序4＋序6

第4章
装配式建筑工程造价计算简例

根据某地区住宅装配式建筑施工图、消耗量定额、材料与部品市场价、各项费率,计算项目的装配式建筑工程造价。

4.1 计 算 依 据

4.1.1 分项工程项目与部品项目

(1) 现浇 C20 混凝土满堂基础(无梁)206 m³。
(2) 成品 PC 楼板(含住宅、运输、安装)189 m³。
(3) PC 楼板后浇带 59 m³。
(4) 洗漱台部品 10 组。
(5) 淋浴间部品 10 组。

4.1.2 消耗量定额摘录

消耗量定额摘录可参考表 4-1,表 4-2,表 4-3。

4.1.3 人工、材料、PC 构件与部品市场价

(1) 人工市场价。
普工:120 元/工日;
一般技工:160 元/工日;
高级技工:200 元/工日。

表 4-1 满堂基础消耗量定额

工作内容：浇筑、振捣、养护等。

计量单位：10 m³

定 额 编 号			5-7	5-8	5-9	5-10
项 目			满堂基础		设备基础	二次灌浆
			有梁式	无梁式		
名 称		单位	消 耗 量			
人工	合计工日		工日	3.107	2.537	2.611	19.352
	其中	普工	工日	0.932	0.761	0.783	5.806
		一般技工	工日	1.864	1.522	1.567	11.611
		高级技工	工日	0.311	0.254	0.261	1.935
材料	预拌细石混凝土 C20		m³	—	—	—	10.100
	预拌混凝土 C20		m³	10.100	10.100	10.100	—
	塑料薄膜		m²	25.295	25.095	14.761	—
	水		m³	1.339	1.520	0.900	5.930
	电		kW·h	2.310	2.310	2.310	
机械	混凝土抹平机		台班	0.035	0.030		

表 4-2 PC楼板后浇带

工作内容：浇筑、振捣、养护等。

计量单位：10 m³

定 额 编 号			1-29	1-30	1-31	1-32
项 目			梁、柱接头	叠合梁、板	叠合剪力墙	连接墙、柱
名 称		单位	消 耗 量			
人工	合计工日		工日	27.720	6.270	9.427	12.593
	其中	普工	工日	8.316	1.881	2.828	3.778
		一般技工	工日	16.632	3.762	5.656	7.556
		高级技工	工日	2.772	0.627	0.943	1.259
材料	泵送商品混凝土 C30		m³	10.150	10.150	10.150	10.150
	聚乙烯薄膜		m²	—	175.000	—	—
	水		m³	2.000	3.680	2.200	1.340
	电		kW·h	8.160	4.320	6.528	6.528

表 4-3　洗漱台部品定额

工作内容：测量、成品定制、装配、五金件安装、表面清理。

定　额　编　号			单位	4-45	4-46	4-47
项　目				成品橱柜		成品洗漱台柜
				台面板		
				人造石	不锈钢	
				10 m		组
名　　称			单位	消　耗　量		
人工	合计工日		工日	1.348	1.213	0.595
	其中	普工	工日	0.270	0.243	0.236
		一般技工	工日	0.472	0.425	0.303
		高级技工	工日	0.606	0.545	0.056
材料	成品人造石台面板宽 550 厚 12		m	10.500	—	—
	成品不锈钢台面板宽 550 厚 12		m	—	10.500	—
	成品洗漱台柜 1.5 m×0.5 m×0.9 m		组	—	—	1.000
	密封胶 350 mL		支	3.390	3.390	1.000
	其他材料费		%	1.000	1.000	1.000

（2）材料市场价。

C20 预拌混凝土：320 元/m³；

塑料薄膜：0.10 元/m²；

水：2.00 元/m³；

电：0.80 元/kW·h。

（3）机械台班市场价。混凝土抹平机：50 元/台班。

（4）PC 构件出厂价。成品 PC 楼板出厂价（含制作、运输、安装）：610 元/m³。

（5）住宅部品市场价。

洗漱台部品：1 500 元/组（产品运到安装地点）；

淋浴间部品：7 600 元/组（含安装费）。

4.1.4　费用定额

某地区费用定额的费率规定如表 4-4～表 4-9 所示。

表 4-4　各专业工程企业管理费和利润费率表

工　程　专　业		计　算　基　数	费率/%
房屋建筑与装饰工程		分部分项工程、单项措施和专业暂估价的人工费	20.78～30.98
通用安装工程			32.33～36.20
市政工程	土　建		28.29～32.93
	安　装		32.33～36.20
城市轨道交通工程	土　建		28.29～32.93
	安　装		32.33～36.20
园林绿化工程	种　植		42.94～50.68

表 4-5　房屋建筑工程安全防护、文明施工措施费率表

项　目　类　别			费率/%	备　注
工业建筑	厂　房	单　层	2.8～3.2	计算基础为分部分项工程费
		多　层	3.2～3.6	
	仓　库	单　层	2.0～2.3	
		多　层	3.0～3.4	
民用建筑	居住建筑	低　层	3.0～3.4	
		多　层	3.3～3.8	
		中高层及高层	3.0～3.4	
	公共建筑及综合性建筑		3.3～3.8	
	独立设备安装工程		1.0～1.15	

表 4-6　各专业工程其他措施项目费费率表

工　程　专　业		计　算　基　数	费率/%
房屋建筑与装饰工程		分部分项工程费	1.50～2.37
通用安装工程			1.50～2.37
市政工程	土　建		1.50～3.75
	安　装		
城市轨道交通工程	土　建		1.40～2.80
	安　装		
园林绿化工程	种　植		1.49～2.37
	养　护		/
仿古建筑工程(含小品)			1.49～2.37

续表

工　程　专　业	计算基数	费率/%
房屋修缮工程		1.50～2.37
民防工程	分部分项工程费	1.50～2.37
市政管网工程(给水、燃气管道工程)		1.50～3.75

表 4-7　社会保险费费率表

工　程　类　别		计算基础	计算费率/%		
			管理人员	生产工人	合　计
房屋建筑与装饰工程				33.04	38.42
通用安装工程				33.04	38.42
市政工程	土　建			36.92	42.30
	安　装			33.04	38.42
城市轨道交通工程	土　建			36.92	42.30
	安　装			33.04	38.42
园林绿化工程	种　植			33.06	38.44
仿古建筑工程(含小品)		人工费	5.38	33.04	38.42
房屋修缮工程				33.04	38.42
民防工程				33.04	38.42
市政管网工程(给水、燃气管道工程)				33.69	39.07
市政养护	土　建			36.50	41.88
	机电设备			35.04	40.42
绿地养护				36.50	41.88

表 4-8　某市住房公积金费率表

工　程　类　别		计算基数	费率/%
房屋建筑与装饰工程			1.96
通用安装工程			1.59
市政工程	土　建	人工费	1.96
	安　装		1.59
城市轨道交通工程	土　建		1.96
	安　装		1.59

续表

工 程 类 别		计 算 基 数	费率/%
园林绿化工程	种 植		1.59
仿古建筑工程(含小品)			1.81
房屋修缮工程			1.32
民防工程			1.96
市政管网工程(给水、燃气管道工程)		人工费	1.68
市政养护	土 建		1.96
	机电设备		1.59
绿地养护			1.59

表 4-9　营改增各行业所适用的增值税税率

行　　业	增值税率/%	营业税率/%
建 筑 业	11	3
房地产业	11	5
金 融 业	6	5
生活服务业	6	一般为5%,特定娱乐业适用3%~20%税率

4.2　综合单价确定

4.2.1　满堂基础综合单价确定(不含增值税)

根据人工、材料、机械台班市场价、"5-8定额"、房屋建筑与装饰工程工程量计算规范等确定满堂基础综合单价确定的有关数据计算过程如下:

1) 人工费单价计算

$$人工费单价="5-8定额"的\sum(定额用工×对应的人工市场价)$$

$$=普工0.761×120元/工日+一般技工1.522$$

$$×160元/工日+高级技工0.254×200元/工日$$

$$=91.32+243.52+50.80$$

$$=385.64元/10\ m^3$$

$$=38.56元/m^3$$

2）材料费单价计算

材料费单价＝"5－8 定额"的 $\sum$（定额材料用量×对应的材料市场价）

$$= C20 预拌混凝土 10.1 \times 320 元 /m^3 + 塑料薄膜 25.095$$
$$\times 0.10 元 /m^2 + 水 1.520 \times 2.00 元 /m^3 + 2.31 \times 电 0.80 元 /kW \cdot h$$
$$= 3\,232.00 + 2.51 + 3.04 + 1.85$$
$$= 3\,239.40 元 /10\,m^3 = 323.94 元 /m^3$$

3）机械费单价计算

机械化单价＝"5－8 定额"的 $\sum$（定额机械台班用量×对应的台班市场价）

$$= 0.030 \times 50 元 / 台班 = 1.5 元 /10\,m^3 = 0.15 元 /m^3$$

4）管理费和利润计算

某地区工程造价行业主管部门规定,装配式建筑管理费和利润率 44%,计算基础为人工费。

$$管理费和利润单价 = 38.56 \times 30\% = 11.57 元$$

5）综合单价计算

将上述计算的人工费、材料费、机械费、管理费与利润单价填入综合单价分析表;然后将这些单价乘以工程量得出对应的合价;加总合价后除于工程量就得出了该现浇混凝土满堂基础叠合综合单价。计算过程如表 4－10 所示。

表 4－10　综合单价分析表

工程名称：某工程　　　　　　　　　　　　　　标段：

项目编码	010501004001	项目名称	满堂基础	计量单位	m³	工程量	206

清单综合单价组成明细											
定额编号	定额项目名称	定额单位	数量	单　价				合　价			
				人工费	材料费	机械费	管理费和利润	人工费	材料费	机械费	管理费和利润
5－8	现浇混凝土满堂基础	m³	206	38.56	323.94	0.15	11.57	7 943.36	66 731.64	30.90	2 383.42
人工单价 普工：120 元/工日 一般技工：160 元/工日 高级技工：200 元/工日			小　计					77 089.32 元			
70.00 元/工日			综合单价					77 089.32÷206＝374.22 元 /m³			

说明：管理费和利润＝人工费×30%

4.2.2 PC楼板后浇带综合单价确定(不含增值税)

根据1-30板后浇带预算定额、工程量、市场价、规定的管理费和利润率计算出的综合单价为320.25元/m³,其中人工费为35.20元/m³。

4.2.3 洗漱台部品安装综合单价确定(不含增值税)

根据4-47产品洗漱台安装预算定额、工程量、市场价、规定的管理费和利润率计算出的综合单价为1 581.67元/组,其中人工费为98.20元/组。

4.3 分部分项工程费计算(不含增值税)

不含增值税分部分项工程费计算如表4-11所示。

表4-11 分部分项工程和单价措施项目清单与计价表

工程名称:某装配式工程　　　　　　　　标段:

序号	项目编码	项目名称	项目特征描述	计量单位	工程量	金额/元		
						综合单价	合价	其中 人工费
		E. 混凝土工程						
1	010501004001	混凝土满堂基础	(1)混凝土种类:细石混凝土 (2)混凝土强度等级:C20	m³	206.00	374.22	77 089.32	7 943.36
2	010508001001	PC楼板后浇带	(1)混凝土种类:商品混凝土 (2)混凝土强度等级:C30	m³	59.00	320.25	18 894.75	2 076.80
		分部小计					95 984.07	10 020.16
		Q. 其他装饰工程						

续表

序号	项目编码	项目名称	项目特征描述	计量单位	工程量	金额/元		
						综合单价	合　价	其中
								人工费
3	011505001001	洗漱台	（1）材料品种、规格、颜色： 陶瓷、箱式、白色 （2）支架、配件品种、规格： 不锈钢支架、不锈钢水嘴、DN15	组	10	1 581.67	15 816.70	982.00
		……						
		分部小计					15 816.70	982.00
		合　计					111 800.77	11 002.16

4.4　措施项目费计算（不含增值税）

1）安全文明施工费计算

按表 4 - 5 规定费率计算，即

$$安全文明施工费 = 分部分项工程费 \times 3\%$$
$$= 111\ 800.77 \times 3\%$$
$$= 3\ 354.02\ 元$$

2）二次搬运、夜间施工等其他措施项目费计算

按地区规定的 1.5% 费率计算，即

$$其他措施项目费 = 分部分项工程费 \times 1.5\%$$
$$= 111\ 800.77 \times 1.5\%$$
$$= 1\ 677.01\ 元$$

措施项目费小计：5 031.03 元

4.5　其他项目费计算

本工程无其他项目费。

4.6　规　费　计　算

按表 4-7、表 4-8 规定计算：

1) 社会保险费

$$社会保险费 = 人工费 \times 38.42\%$$
$$= 11\,002.16 \times 38.42\%$$
$$= 4\,227.03\ 元$$

2) 住房公积金

$$住房公积金 = 人工费 \times 1.96\%$$
$$= 11\,002.16 \times 1.96\%$$
$$= 215.64\ 元$$

规费小计：4 442.67 元

4.7　PC 构件与部品市场价计算（不含增值税）

1) PC 楼板市场价计算（含出厂价、运输、安装）

$$产品数量 \times 市场单价$$
$$= 189\ m^3 \times 610\ 元/m^3$$
$$= 115\,290.00\ 元$$

2) 淋浴间部品市场价计算（含安装费）

$$产品数量 \times 市场单价$$
$$= 10\ 组 \times 7\,600\ 元/组$$
$$= 76\,000\ 元$$

PC 构件与部品市场价小计：191 290 元

4.8　增值税计算

$$增值税=税前造价\times11\%$$

$$
\begin{aligned}
税前造价&=分部分项工程费+措施项目费+其他项目费+规费+PC及部品市场价\\
&=111\,800.77+5\,031.03+0+4\,442.67+191\,290\\
&=312\,564.47\times1\%\\
&=34\,382.09\ 元
\end{aligned}
$$

4.9　装配式建筑工程造价合计

$$
\begin{aligned}
工程造价&=税前造价+增值税\\
&=312\,564.47+34\,382.09\\
&=346\,946.56\ 元
\end{aligned}
$$

4.10　装配式建筑工程造价计算

采用装配式建设工程造价计算表和根据上述分部分项工程费、费率表、PC 构件与部品市场价合计,计算工程造价。计算过程如表 4-12 所示。

表 4-12　装配式建筑工程造价计算表

序号	费用项目			计算基础	费率	计算式	金额/元
1	分部分项工程费					见分部分项工程费计算表	111 800.77
2	措施项目费		单价措施项目			无	
		总价措施	安全文明施工费	分部分项工程费:111 800.77	3%	111 800.77×3%=3 354.02	5 031.03
			夜间施工增加费				
			二次搬运费		1.5%	111 800.77×1.5%=1 677.01	
			冬雨季施工增加费				

序号	费用项目		计算基础	费率	计 算 式	金额/元
3	其他项目费	总承包服务费	分包工程造价			无
		暂列金额				
		暂估价				
		计日工				
4	规费	社会保险费	人工费：11 002.16	38.42％	11 002.16×38.42％＝4 227.03	4 442.67
		住房公积金		1.96％	11 002.16×1.96％＝215.64	
		工程排污费			无	
5	市场价	PC楼板市场价	189 m³×610 元/m³＝115 290.00			191 290.00
		淋浴间部品市场价	10 组×7 600 元/组＝76 000.00			
6		税前造价	序1＋序2＋序3＋序4＋序5		111 800.77＋5 031.03＋0＋4 442.67＋191 290.00	312 564.47
7	税金	增值税	税前造价		312 564.47×11％	34 382.09
	工程造价＝序1＋序2＋序3＋序4＋序5＋序7					346 946.56

第5章
装配式建筑消耗量定额应用

5.1 建筑工程消耗量定额概述

建筑工程消耗量定额是为了规范建设工程工程量清单计价行为,进一步贯彻政府宏观调控、企业自主报价、市场形成价格、社会监督的工程造价管理思路,正确引导建设市场各主体工程量清单的编制和计价工作,各建设行政主管部门在本地区预算定额基础上,结合当前建设工程设计、施工和管理的实际水平编制的各专业工程中完成规定计量单位分项工程或结构构件所需的人工、材料、机械台班消耗的数量标准,是编制施工图预算、招标标底、投标报价,确定工程造价的基本依据。

5.1.1 建筑工程消耗量定额的构成

建筑工程消耗量定额主要包括人工消耗量指标、材料消耗量指标和机械台班消耗量指标。

1) 人工消耗量指标

人工消耗量指标包括基本用工和其他用工。基本用工是指完成分项工程或子项工程的主要用工量。其他用工是辅助基本用工完成生产任务所耗用的人工。其他用工按工作内容的不同可分为辅助用工、超运距用功和人工幅度差3项。

2) 材料消耗量指标

预算定额是计价性定额,其材料消耗量是指施工现场为完成合格产品所必需的"一切在内"的消耗,主要包括材料净用量和材料损耗量。材料净用量是指直接耗用于建筑安装工程上的构成工程实体的材料。材料损耗量包括不可避免产生的施工废料及不可避免的材料施工操作损耗等。

3) 机械台班消耗量指标

机械台班消耗量是以台班为单位进行计算,每台班为8 h。

编制预算定额时,除了以统一的台班产量为基础进行计算,还应考虑在合理的施工组织设计条件下机械的停歇因素,增加一定的机械幅度差。

5.1.2　建筑工程消耗量定额的作用

消耗量定额是确定单位分项工程或结构构件价格的基础,因此它体现了国家、建设单位和施工企业之间的一种经济关系,建设单位按消耗量定额计算招标标底,为拟建工程提供必要的资金供应。施工企业则在消耗量定额的范围内,通过建筑施工活动,保质、保量、如期地完成工程任务。消耗量定额在工程建设中具有以下重要作用:

(1) 消耗量定额是确定工程造价、编制标底及确定投标报价的基础。

(2) 消耗量定额是编制工程计划、科学组织和管理施工的依据。

(3) 消耗量定额是加强企业管理、提高企业竞争力的重要依据。

(4) 消耗量定额是贯彻按劳分配原则的依据。

(5) 消耗量定额是企业总结先进生产方法,进行经济核算的依据。

5.2　装配式建筑消耗量定额的直接套用

当施工图的设计要求与消耗量定额的项目内容一致时,可直接套用定额的人工、材料、机械消耗量,并可以根据消耗量定额及参考价目表或当时当地人工、材料、机械的市场价格,计算该分项工程的直接工程费以及人工、材料、机械所需量(见表 5-1)。在套用时要注意以下几点:

(1) 根据施工图样,分项工程的实际做法与工作内容必须与定额项目规定的完全相符时才能直接套用,否则,必须根据有关规定进行换算或补充。

(2) 分项工程名称和计量单位要与消耗量定额一致。

【例 5-1】　采用 C30 泵送商品混凝土浇筑 50 m³ PC 楼板后浇带,试根据相应消耗量定额计算完成该分项工程的人工、材料、机械台班消耗量及定额基价(其中人工、材料部分市场价)。

(1) 人工市场价。

普工:120 元/工日;

一般技工:160 元/工日;

高级技工:200 元/工日。

(2) 材料市场价。

C30 预拌混凝土:330 元/m³;

塑料薄膜:0.10 元/m²;

水：2.00 元/m³；

电：0.80 元/kW·h。

【解】 （1）根据分项工程的工作内容和消耗量定额的相应内容,确定套用下列消耗量定额编号为 1-30,其内容为：每 10 m³ PC 楼板后浇带消耗人工为普工 1.881 工日,一般技工 3.762 工日,高级技工 0.627 工日；消耗材料为预拌混凝土 C30 为 10.150 m³,塑料薄膜 175.000 m²,水为 3.680 m³,电 4.320 kW·h。

（2）计算该分项工程人材机消耗量。

人工消耗量为：

普工：$1.881 \times (50/10) = 9.405$ 工日；

一般技工：$3.762 \times (50/10) = 18.810$ 工日；

高级技工：$0.627 \times (50/10) = 3.135$ 工日；

材料消耗量为：

预拌混凝土 C30：$10.150 \times (50/10) = 50.750$ m³；

塑料薄膜：$175.000 \times (50/10) = 875.000$ m²；

水：$3.680 \times (50/10) = 18.400$ m³；

电：$4.320 \times (50/10) = 21.600$ kW·h。

（3）计算该项目定额基价。

人工费：$1.881 \times 120 + 3.762 \times 160 + 0.627 \times 200 = 953.04$ 元；

材料费：$10.15 \times 330 + 175 \times 0.1 + 3.68 \times 2 + 4.32 \times 0.8 = 3\ 377.82$ 元；

定额基价：$953.04 + 3\ 377.82 = 4\ 330.86$ 元/10 m³。

表 5-1 后浇混凝土浇捣

工作内容：浇筑、振捣、养护等。　　　　　　　　　　　　　　　　　　　　计量单位：10 m³

定　额　编　号			1-29	1-30	1-31	1-32
项　　目			梁、柱接头	叠合梁、板	叠合剪力墙	连接墙、柱
名　　称		单位	消　耗　量			
人工	合计工日	工日	27.720	6.270	9.427	12.593
	其中 普　工	工日	8.316	1.881	2.828	3.778
	一般技工	工日	16.632	3.762	5.656	7.556
	高级技工	工日	2.772	0.627	0.943	1.259
材料	泵送商品混凝土 C30	m³	10.150	10.150	10.150	10.150
	聚乙烯薄膜	m²	—	175.000	—	—
	水	m³	2.000	3.680	2.200	1.340
	电	kW·h	8.160	4.320	6.528	6.528

5.3 装配式建筑消耗量定额换算

当施工图设计要求与消耗量定额中的工程内容、材料规格、施工方法等条件不完全相符时，则不可以直接套用，应按照消耗量定额规定的换算方法对项目进行调整换算。

装配式混凝土结构工程中常见的换算类型主要包括系数换算和混凝土换算。

5.3.1 系数换算

系数换算是指按规定对定额中的人工费、材料费、机械费乘以各种系数的换算。对于装配式混凝土结构工程来说注意以下几点：

（1）凸（飘）窗安装定额适用于单独预制的凸（飘）窗安装，依附于外墙板制作的凸（飘）窗，并入外墙板内计算，相应定额人工和机械用量乘以系数1.2。

（2）楼梯休息平台安装中，相应定额人工、机械以及除预制混凝土楼板外的材料用量乘以系数1.3。

5.3.2 混凝土换算

当设计要求采用的混凝土强度等级、粗骨料种类与消耗量定额相应子目有不符时，就应进行换算。换算时混凝土用量不变，人工费、机械费不变，只换算混凝土强度等级、粗骨料种类。换算公式为

$$换算后基价＝原定额基价＋定额混凝土用量×（换入混凝土单价$$
$$－换出混凝土单价）$$

半成品混凝土配合比如表5-2所示；某省消耗量定额价目汇总表主要材料取定单价如表5-3所示；定额摘录如表5-3所示。

表5-2 普通塑性混凝土配合比表（摘录）　　　　　　单位：m³

定 额 编 号		附-1	附-2	附-3	附-4	附-5
项　　　目		C15	C20	C25	C30	C35
		碎石粒径＜40 mm				
材　　料	单位	数量	数量	数量	数量	数量
32.5 MPa 水泥	吨	0.263	0.330	0.388	0.446	—
42.5 MPa 水泥	吨	—	—	—	—	0.396

续表

材　料	单位	数量	数量	数量	数量	数量
中　砂	m³	0.584	0.500	0.450	0.410	0.444
＜40 mm 碎石	m³	0.787	0.814	0.820	0.816	0.820
水	m³	0.190	0.190	0.190	0.190	0.190

表 5－3　某省消耗量定额主要材料取定单价　　　　　　　　　单位：元

序　号	材料名称及规格	单　位	取 定 价
1	普通硅酸盐水泥 32.5 级	t	290
2	普通硅酸盐水泥 42.5 级	t	320
3	碎石	m³	40
4	中(粗)砂	m³	38
5	水	m³	2

【例 5－2】　试求现浇 C30 混凝土满堂基础(无梁)的基价。

(1) 人工市场价。

普工：120 元/工日；

一般技工：160 元/工日；

高级技工：200 元/工日。

(2) 材料市场价。

塑料薄膜：0.10 元/m²；

水：2.00 元/m³；

电：0.80 元/kW・h。

(3) 机械台班市场价。

混凝土抹平机：50 元/台班。

【解】　(1) 由表 5－3 及表 5－4 可知：

每 m³ 预拌 C20 混凝土基价为

$0.330×290＋0.500×38＋0.814×40＋0.190×2＝147.64$ 元；每 m³ 预拌 C30 混凝土基价为

$0.446×290＋0.410×38＋0.816×40＋0.190×2＝177.94$ 元。

(2) 根据表 5－3 可知换算定额号为 5－8，计算该项目定额基价。

人工费：$0.761×120＋1.522×160＋0.254×200＝385.64$ 元；

材料费：$10.1×147.64＋25.095×0.1＋1.52×2＋2.31×0.8＝1\ 498.56$ 元；

机械费：$0.03×50＝1.5$ 元。

表 5 - 4 定额摘录

工作内容：浇筑、振捣、养护等。   计量单位：10 m³

定 额 编 号			5 - 7	5 - 8	5 - 9	5 - 10
项 目			满堂基础		设备基础	二次灌浆
			有梁式	无梁式		
名 称		单位	消 耗 量			
人 工	合计工日	工日	3.107	2.537	2.611	19.352
	其中 普 工	工日	0.932	0.761	0.783	5.806
	一般技工	工日	1.864	1.522	1.567	11.611
	高级技工	工日	0.311	0.254	0.261	1.935
材 料	预拌细石混凝土 C20	m³	—	—	—	10.100
	预拌混凝土 C20	m³	10.100	10.100	10.100	—
	塑料薄膜	m²	25.295	25.095	14.761	—
	水	m³	1.339	1.520	0.900	5.930
	电	kW·h	2.310	2.310	2.310	—
机械	混凝土抹平机	台班	0.035	0.030	—	—

定额基价＝385.64＋1 498.56＋1.5＝1 885.7 元/10 m³

（3）折算后定额基价＝1 885.7＋10.1×(177.94－147.64)

＝1 885.7＋306.03

＝2 191.73 元/10 m³。

（4）折算后材料用量（每 10 m³）。

32.5 级水泥：10.1×446＝4 504.6 kg；

中砂：10.1×0.410＝4.141 10 m³；

碎石：10.1×0.816＝8.242 m³。

第 6 章
工程单价编制

工程单价也称工程基价或定额基价,包含人工单价、材料单价、机械台班单价。

6.1　人工单价编制

6.1.1　人工单价的概念

人工单价是指工人一个工作日应该得到的劳动报酬。一个工作日一般指工作8小时。

6.1.2　人工单价的内容

人工单价一般包括基本工资、工资性津贴、养老保险费、失业保险费、医疗保险费、住房公积金等。

基本工资是指完成基本工作内容所得的劳动报酬。

工资性津贴是指流动施工津贴、交通补贴、物价补贴、煤(燃)气补贴等。

养老保险费、失业保险费、医疗保险费、住房公积金分别指工人在工作期间交养老保险、失业保险、医疗保险、住房公积金所发生的费用。

6.1.3　人工单价的编制方法

人工单价的编制方法主要有以下三种:

(1) 根据劳务市场行情确定人工单价。目前,根据劳务市场行情确定人工单价已经成为计算工程劳务费的主流,采用这种方法确定人工单价应注意以下几个方面的问题:一是要尽可能掌握劳动力市场价格中长期历史资料,这使以后采用数学模型预测人工单价将成为可能;二是在确定人工单价时要考虑用工的季节性变化。当大量聘用农民工时,要考虑农忙季节时人工单价的变化;三是在确定人工单价时要采用加权平均的方法综合各劳务市场或各劳务队伍的劳动力单价;四是要分析拟建工程的工期对人工单价的影响。如果工期紧,那么人工单价按正常情况确定后要乘以大于 1 的系数。如果工期有拖长的可能,那么也要考虑工期延长带来的风险。

根据劳务市场行情确定人工单价的数学模型描述如下:

$$人工单价 = \sum_{i=1}^{n}(某劳务市场人工单价 \times 权重)_i$$
$$\times 季节变化系数 \times 工期风险系数$$

【例 6-1】 据市场调查取得的资料分析,抹灰工在劳务市场的价格分别是:甲劳务市场 35 元/工日,乙劳务市场 38 元/工日,丙劳务市场 34 元/工日。调查表明,各劳务市场可提供抹灰工的比例分别为,甲劳务市场 40%,乙劳务市场 26%,丙劳务市场 34%,当季节变化系数、工期风险系数均为 1 时,试计算抹灰工的人工单价。

【解】

抹灰工的人工单价 = [(35.00 × 40% + 38.00 × 26% + 34.00 × 34%) × 1 × 1]元 / 工日
$$= [(14 + 9.88 + 11.56) \times 1 \times 1]元 / 工日$$
$$= 35.44 元 / 工日(取定为 35.50 元 / 工日)$$

(2)根据以往承包工程的情况确定。如果在本地以往承包过同类工程,可以根据以往承包工程的情况确定人工单价。

例如,以往在某地区承包过三个与拟建工程基本相同的工程,砖工每个工日支付了 60.00~75.00 元,这时就可以进行具体对比分析,在上述范围内(或超过一点范围)确定投标报价的砖工人工单价。

(3)根据预算定额规定的工日单价确定。凡是分部分项工程项目含有基价的预算定额,都明确规定了人工单价,可以以此为依据确定拟投标工程的人工单价。

例如,某省预算定额,土建工程的技术工人每个工日 35.00 元,可以根据市场行情在此基础上乘以 1.2~1.6 系数,确定拟投标工程的人工单价。

6.2 材料单价编制

6.2.1 材料单价的概念

材料单价是指材料从采购起运到工地仓库或堆放场地后的出库价格。一般包括原价、运杂费、采购及保管费。

6.2.2　材料单价的费用构成

由于其采购和供货方式不同,构成材料单价的费用也不相同。一般有以下几种:

(1) 材料供货到工地现场。

当材料供应商将材料供货到施工现场或施工现场的仓库时,材料单价由材料原价、采购保管费构成。

(2) 在供货地点采购材料。

当需要派人到供货地点采购材料时,材料单价由材料原价、运杂费、采购保管费构成。

(3) 需二次加工的材料。

当某些材料采购回来后,还需要进一步加工的,材料单价除了上述费用外,还包括二次加工费。

6.2.3　材料原价的确定

材料原价是指付给材料供应商的材料单价。当某种材料有两个或两个以上的材料供应商供货且材料原价不同时,要计算加权平均材料原价。

加权平均材料原价的计算公式为

$$\text{加权平均材料原价} = \frac{\sum_{i=1}^{n}(\text{材料原价} \times \text{材料数量})_i}{\sum_{i=1}^{n}(\text{材料数量})_i}$$

式中:i 是指不同的材料供应商;包装费及手续费均已包含在材料原价中。

【例 6-2】　某工地所需的三星牌墙面面砖由三个材料供应商供货,其数量和原价如表 6-1 所示,试计算墙面砖的加权平均原价。

表 6-1　墙面砖原价资料

供　应　商	面砖数量/m²	供货单价/(元/m²)
甲	1 500	68.00
乙	800	64.00
丙	730	71.00

【解】

$$\begin{aligned}\text{墙面砖加权} \atop \text{平均原价} &= \frac{68 \times 1\,500 + 64 \times 800 + 71 \times 730}{1\,500 + 800 + 730} \text{元/m}^2 \\ &= \frac{205\,030}{3\,030} \text{元/m}^2 = 67.67 \text{元/m}^2\end{aligned}$$

6.2.4 材料运杂费计算

材料运杂费是指在材料采购后运至工地现场或仓库所发生的各项费用,包括装卸费、运输费和合理的运输损耗费等。

材料装卸费按行业市场价支付。

材料运输费按行业运输价格计算,若供货来源地点不同且供货数量不同时,需要计算加权平均运输费,其计算公式为

$$\text{加权平均} \atop \text{运输费} = \frac{\sum\limits_{i=1}^{n}(\text{运输单价} \times \text{材料数量})_i}{\sum\limits_{i=1}^{n}(\text{材料数量})_i}$$

材料运输损耗费是指在运输和装卸材料过程中,不可避免产生的损耗所发生的费用,一般按下式计算:

$$\text{材料运输损耗费} = (\text{材料原价} + \text{装卸费} + \text{运输费}) \times \text{运输损耗率}$$

【例 6 - 3】 上例中墙面砖由三个地点供货,根据下表 6 - 2 所列资料计算墙面砖运杂费。

表 6 - 2 材料运杂费资料

供货地点	面砖数量/ m²	运输单价/ (元/m²)	装卸费/ (元/m²)	运输损耗率/ %
甲	1 500	1.10	0.50	1
乙	800	1.60	0.55	1
丙	730	1.40	0.65	1

【解】

(1)计算加权平均装卸费:

$$\text{墙面砖加权} \atop \text{平均装卸费} = \frac{0.50 \times 1\,500 + 0.55 \times 800 + 0.65 \times 730}{1\,500 + 800 + 730} \text{元/m}^2$$

$$= \frac{1\,664.5}{3\,030} \text{元/m}^2 = 0.55 \text{ 元/m}^2$$

(2)计算加权平均运输费:

$$\text{墙面砖加权} \atop \text{平均运输费} = \frac{1.10 \times 1\,500 + 1.60 \times 800 + 1.40 \times 730}{1\,500 + 800 + 730} \text{元/m}^2$$

$$= \frac{3\,952}{3\,030} \text{元/m}^2 = 1.30 \text{ 元/m}^2$$

（3）计算运输损耗费：

$$\genfrac{}{}{0pt}{}{\text{墙面砖运输}}{\text{损耗费}}=(\text{材料原价}+\text{装卸费}+\text{运输费})\times\text{运输损耗率}$$

$$=[(67.67+0.55+1.30)\times1\%]\,\text{元/m}^2$$

$$=0.70\,\text{元/m}^2$$

（4）运杂费小计：

$$\genfrac{}{}{0pt}{}{\text{墙面砖}}{\text{运杂费}}=\text{装卸费}+\text{运输费}+\text{运输损耗费}$$

$$=0.55+1.30+0.70\,\text{元/m}^2=2.55\,\text{元/m}^2$$

6.2.5　材料采购保管费计算

材料采购保管费是指施工企业在组织采购材料和保管材料过程中发生的各项费用。包括采购人员的工资、差旅交通费、通信费、业务费、仓库保管费等各项费用。

采购保管费一般按前面计算的与材料有关的各项费用之和乘以一定的费率计算。费率通常取 $1\%\sim3\%$。计算式为

$$\text{材料采购保管费}=(\text{材料原价}+\text{运杂费})\times\text{采购保管费率}$$

【例 6‐4】　上述墙面砖的采购保管费率为 2%，根据前面墙面砖的二项计算结果，计算其采购保管费。

【解】

$$\genfrac{}{}{0pt}{}{\text{墙面砖采购}}{\text{保管费}}=[(67.67+2.55)\times2\%]=(70.22\times2\%)\,\text{元/m}^2$$

$$=1.40\,\text{元/m}^2$$

6.2.6　材料单价确定

由上述分析可知，材料单价的计算式为

$$\text{材料单价}=\genfrac{}{}{0pt}{}{\text{加权平均}}{\text{材料原价}}+\genfrac{}{}{0pt}{}{\text{加权平均}}{\text{材料运杂费}}+\text{采购保管费，或}$$

$$\text{材料单价}=\left(\genfrac{}{}{0pt}{}{\text{加权平均}}{\text{材料原价}}+\genfrac{}{}{0pt}{}{\text{加权平均}}{\text{材料运杂费}}\right)\times(1+\text{采购保管费率})$$

【例 6‐5】　根据以上计算出的结果，汇总成材料单价。

【解】

$$\text{墙面砖材料单价}=(67.67+2.55+1.40)元/m^2=71.62\ 元/m^2$$

6.3 机械台班单价编制

6.3.1 机械台班单价的概念

机械台班单价是指在单位工作班中为使机械正常运转所分摊和支出的各项费用。

6.3.2 机械台班单价的费用构成

按有关规定机械台班单价由七项费用构成。这些费用按其性质划分为第一类费用和第二类费用。

(1)第一类费用。也称不变费用,是指属于分摊性质的费用。包括折旧费、大修理费、经常修理费、安拆及场外运输费等。

(2)第二类费用。也称可变费用,是指属于支出性质的费用。包括燃料动力费、人工费、养路费及车船使用税等。

6.3.3 第一类费用计算

从简化计算的角度出发,提出以下计算方法:

(1)折旧费:

$$台班折旧费=\frac{购置机械全部费用\times(1-残值率)}{耐用总台班}$$

其中,购置机械全部费用是指机械从购买地运到施工单位所在地发生的全部费用。包括:原价、购置税、保险费及牌照费、运费等。

耐用总台班计算方法为

$$耐用总台班=预计使用年限\times年工作台班$$

机械设备的预计使用年限和年工作台班可参照有关部门指导性意见,也可根据实际情况自主确定。

【例6-6】 5t载货汽车的成交价为75 000元,购置附加税税率10%,运杂费2 000元,耐用总台班2 000个,残值率为3%,试计算台班折旧费。

【解】

$$5\text{ t 载货汽车}\atop\text{台班折旧费} = \frac{[75\,000 \times (1 + 10\%) + 2\,000] \times (1 - 3\%)}{2\,000}$$

$$= \frac{81\,965}{2\,000}\text{元/台班} = 40.98\text{元/台班}$$

（2）大修理费。指机械设备按规定到了大修理间隔台班需进行大修理，以恢复正常使用功能所需支出的费用。计算式为

$$\text{台班大}\atop\text{修理费} = \frac{\text{一次大修理费} \times (\text{大修理周期} - 1)}{\text{耐用总台班}}$$

【例 6-7】 5 t 载货汽车一次大修理费为 8 700 元，大修理周期为 4 个，耐用总台班为 1 000 个，试计算台班大修理费。

【解】

$$5\text{ t 载货汽车}\atop\text{台班大修理费} = \frac{8\,700 \times (4 - 1)}{2\,000}\text{元/台班}$$

$$= \frac{26\,100}{2\,000}\text{元/台班} = 13.05\text{元/台班}$$

（3）经常修理费。指机械设备除大修理外的各级保养及临时故障所需支出的费用。包括为保障机械正常运转所需替换设备，随机配置的工具、附具的摊销及维护费用，机械正常运转及日常保养所需润滑、擦拭材料费用和机械停置期间的维护保养费用等。

台班经常修理费可以用下列简化式计算：

$$\text{台班经常修理费} = \text{台班大修理费} \times \text{经常修理费系数}$$

【例 6-8】 经测算 5 t 载货汽车的台班经常修理费系数为 5.41，按计算出的 5 t 载货汽车大修理费和计算公式，计算台班经常修理费。

【解】

$$\frac{5\text{ t 载货汽车}}{\text{台班经常修理费}} = (13.05 \times 5.41)\text{元/台班} = 70.60\text{元/台班}$$

（4）安拆费及场外运输费。安拆费是指机械在施工现场进行安装、拆卸所需人工、材料、机械费和试运转费，以及机械辅助设施（如行走轨道、枕木等）的折旧、搭设、拆除费用。

场外运输费是指机械整体或分体自停置地点运至施工现场或由一工地运至另一工地的运输、装卸、辅助材料以及架线费用。

该项费用，在实际工作中可以采用两种方法计算：一是当发生时在工程报价中已经计算了这些费用，那么编制机械台班单价就不再计算；二是根据往年发生费用的年平均数

除以年工作台班计算。计算式为

$$\frac{台班安拆及}{场外运输费} = \frac{历年统计安拆费及场外运输费的年平均数}{年工作台班}$$

【例 6-9】 6 t 内塔式起重机(行走式)的历年统计安拆及场外运输费的年平均数为 9 870 元,年工作台班 280 个。试求台班安拆及场外运输费。

【解】

$$\frac{台班安拆及}{场外运输费} = \frac{9\,870}{280}元/台班 = 35.25\ 元/台班$$

6.3.4　第二类费用计算

(1) 燃料动力费。

燃料动力费是指机械设备在运转中所耗用的各种燃料、电力、风力等的费用。计算式为

$$台班燃料动力费 = \frac{每台班耗用的}{燃料或动力数量} \times 燃料或动力单价$$

【例 6-10】 5 t 载货汽车每台班耗用汽油 31.66 kg,每 kg 汽油单价 3.15 元,求台班燃料费。

【解】 台班燃料费 = (31.66 × 3.15)元/台班 = 99.72 元/台班

(2) 人工费。人工费是指机上司机、司炉和其他操作人员的工日工资。计算式为

$$台班人工费 = 机上操作人员人工工日数 \times 人工单价$$

【例 6-11】 5 t 载货汽车每个台班的机上操作人员工日数为 1 个工日,人工单价 35 元,求台班人工费。

【解】 台班人工费 = (35.00 × 1)元/台班 = 35.00 元/台班

(3) 养路费及车船使用税。指按国家规定应缴纳的机动车养路费、车船使用税、保险费及年检费。计算式为

$$\frac{台班养路费}{及车船使用税} = \frac{核定吨位 \times \{养路费[元/(t \cdot 月)] \times 12 + 车船使用税[元/(t \cdot 年)]\}}{年工作台班}$$
$$+ \frac{保险费及}{年检费}$$

式中：$\dfrac{保险费及}{年检费} = \dfrac{年保险费及年检费}{年工作台班}$

【例6-12】　5 t载货汽车每月每吨应缴纳养路费80元,每年应缴纳车船使用税40元/t,年工作台班250个,5 t载货汽车年缴保险费、年检费共计2 000元,试计算台班养路费及车船使用税。

【解】

$$\text{台班养路费及车船使用税} = \left[\frac{5 \times (80 \times 12 + 40)}{250} + \frac{2\,000}{250}\right] \text{元/台班}$$

$$= \left(\frac{5\,000}{250} + \frac{2\,000}{250}\right) \text{元/台班} = (20.00 + 8.00) \text{元/台班}$$

$$= 28.00 \text{元/台班}$$

6.3.5　机械台班单价计算实例

将上述计算5 t载货汽车台班单价的计算过程汇总成台班单价计算表(见表6-3)。

表6-3　机械台班单价计算表

项　　目		5 t载货汽车		
		单位	金额	计　算　式
台班单价		元	287.35	124.63＋162.72＝287.35
第一类费用	折旧费	元	40.98	$\dfrac{[7\,500 \times (1+10\%) + 2\,000] \times (1-3\%)}{2\,000} = 40.98$
	大修理费	元	13.05	$\dfrac{8\,700 \times (4-1)}{2\,000} = 13.05$
	经常修理费	元	70.60	13.05×5.41＝70.60
	安拆及场外运输费	元	—	
小　　计		元	124.63	
第二类费用	燃料动力费	元	99.72	31.66×3.15＝99.72
	人工费	元	35.00	35.00×1＝35.00
	养路费及车船使用税	元	28.00	$\dfrac{5 \times (80 \times 12 + 40)}{250} + \dfrac{2\,000}{250} = 28.00$
小　　计		元	162.72	

第 7 章
综合单价编制

7.1.1 综合单价定义

　　根据《建设工程清单计价规范》(GB50500—2013)规定,综合单价是指完成一个规定清单项目所需的人工费、材料和工程设备费、施工机具使用费和企业管理费、利润以及一定范围内的风险费用。

　　人工费、材料和工程设备费、施工机具使用费是根据相关的计价定额、市场价格、工程造价管理机构发布的造价信息来确定的。企业管理费、利润是根据项目所在地造价管理部分发布的文件规定计算的。一定范围内的风险费用是指隐含于已标价工程量清单综合单价中,用于化解发承包双方在工程合同中约定内容和范围内的市场价格波动风险的费用。利润是指承包人完成合同工程获得的盈利。

7.1.2 综合单价费用分类

　　根据综合单价的定义,可以将组成综合单价的 6 项费用分为以下三类:
　　(1) 人工费、材料和工程设备费、施工机具使用费。
　　此类费用=工程量×人、材、机消耗量×人材机单价,是可以计量的费用。工程量由计量规范规定的计量规则根据图纸计算得到,消耗量通过计价定额来确定,单价根据市场价格或造价管理部门发布的工程造价信息来确定。
　　(2) 企业管理费、利润。
　　此类费用=计算基数×费率。计算基数和费率根据省市自治区建设行政主管部门发布的造价管理文件来确定,一般是参照各地的费用定额。

（3）一定范围内的风险费用。

根据风险分摊原则,具体风险费用的计算方法需要在招标文件中明确写出。

7.1.3　风险分摊原则

在招标文件中要明确要求投标人承担的风险费用,投标人应考虑将此费用纳入综合单价中。在具体施工过程中,当出现的风险内容及其范围在招标文件规定的范围内时,综合单价不得变动,合同价款不予调整。根据国际惯例并结合我国建筑行业特点,在工程施工中所承担的风险宜采用如下分摊原则:

（1）主要由市场价格波动导致的风险,如建筑材料价格变动风险,承发包双方应在招标文件或合同中约定对此类风险范围和幅度的合理分摊比例。一般采取的方式是承包人承担5%以内的材料、工程设备价格风险,10%以内的施工机具使用费风险。

（2）主要由法律法规、政策出台等导致的风险,如税金、规费、人工费等发生变化,并由省、行业建设行政主管部门或其授权的工程造价管理机构根据上述变化发布的政策性调整,以及由政府定价或政府指导价管理的原材料等价格进行了调整,承包人不应该承担此类风险,应按照有关规定调整执行。

（3）主要由承包人自主控制的风险,如承包人的管理费、利润等,由承包人全部承担,承包人应根据自身企业实际情况自主报价。

7.1.4　全费用综合单价

在设计阶段,编制施工图预算的时候,有个全费用综合单价法（见表7-1）。全费用综

表 7-1　建筑安装工程施工图预算综合单价分析表

施工图预算编号：　　　　　　　　　单项工程名称：

项目编码		项目名称		计量单位		工程数量	
综合单价组成分析							
定额编号	定额名称	定额单位	定额直接费单价/元			直接费合价/元		
			人工费	材料费	机具费	人工费	材料费	机具费
间接费及利润税金计算	类　别	取费基数描述	取费基数		费率/%	金额/元		备注
	管理费							
	利　润							
	规　费							
	税　金							
综合单价								

续表

预算定额人才机消耗量和单价分析	人材机项目名称及规格、型号	单位	消耗量	单价/元	合价/元	备　注

编制人：　　　　　　　　审核人：　　　　　　　　　　审定人：

注：（1）本表适用于采用分部分项工程项目，以及可以计量措施项目的综合单价分析。

（2）在进行预算定额消耗量合价分析时，消耗量应采用预算定额消耗量，单价应为报告编制的市场价。

合单价法是指在编制建筑安装工程预算时，直接采用包含全部费用和税金等项目在内的综合单价进行计算，综合单价包括人工费、材料费、施工机具使用费、管理费、利润、规费和税金。其中人工费、材料费、机具费应根据相应的预算定额子目的人材机要素消耗量以及编制预算时期人才机的市场价格等因素确定；管理费、利润、规费、税金等根据预算定额配套的费用定额、取费标准、预算编制期间拟建项目的具体情况、市场水平等因素确定。

7.2　综合单价的编制依据

采用清单计价方式时，在编制招标控制价和投标报价中，确定综合单价的编制依据是不太一样的。

7.2.1　招标控制价的编制依据

（1）现行国家标准《建设工程清单计价规范》（GB50500—2013）与专业工程量计算规范。

与装配式混凝土构件有关的工程量计算规范有《房屋建筑与装饰工程工程量计算规范》（GB50854—2013）等。

（2）国家或省级、行业建设行政主管部门颁发的计价定额和计价办法。

与装配式混凝土构件有关的定额有《装配式建筑工程消耗量定额》《上海市建筑和装饰工程预算定额》（附计算规则）2016 版等。

（3）建设工程设计文件及相关资料。

（4）拟定的招标文件及招标工程量清单。

（5）与建设项目相关的标准、规范、技术资料等。

（6）施工现场情况、工程特点及常规施工方案。

（7）工程造价管理机构发布的工程造价信息，工程造价信息没有发布的，参照市场价格。

（8）其他相关材料

7.2.2 投标报价的编制依据

《建设工程清单计价规范》（GB50500—2013）规定，投标报价应根据以下依据编制：

（1）现行国家标准《建设工程清单计价规范》（GB50500—2013）与专业工程量计算规范。

（2）国家或省级、行业建设行政主管部门颁发的计价办法。

（3）企业定额，国家或省级、行业建设行政主管部门颁发的计价定额。

（4）招标文件、工程量清单及其补充通知、答疑纪要。

（5）建设工程设计文件及相关资料。

（6）施工现场情况、工程特点及投标时拟定的施工组织设计或施工方案。

（7）与建设项目相关的标准、规范、技术资料等。

（8）市场价格信息或工程造价管理机构发布的工程造价信息。

（9）其他相关材料

7.3 人、材、机询价与收集

7.3.1 询价方式、途径

1）询价

在编制招标控制价的时候，人材机价格信息是根据工程所在地区颁发的计价定额，造价管理部门发布的当时当地市场信息价来确定。

除了权威发布的市场价格信息，施工单位在编制投标报价的时候，要根据自身企业情况进行自主报价。作为以盈利为目的的建设行为，施工单位在投标的过程中，不仅要考虑如何才能中标，还应考虑中标后获取应得的利润，考虑中标后有可能承担的风险。所以，在报价前要通过各种渠道，采用各种方式对组成项目费用的人工、材料、施工器具等要素进行系统的调查研究，为报价提供可靠依据，这就是询价。

询价时一定要保证产品质量，满足招标文件要求，还要考虑付款方式、供货方式、有无附加条件等。

2）询价途径

（1）直接与生产商联系。

例如要想了解 PC 构件的价格信息，可以与 PC 构件相应生产商联系，例如宝业集团、住总集团、上海建工集团等都有相应的 PC 构件厂。直接与生产商联系询价,了解一手货源,能更快速地收到价格信息、方便构件的下单与发货,货期比较有保障,相对来说免去了中间供应商的差价,可以节约一定的成本。

(2)生产厂商的代理人、销售商或从事该项业务的经纪人。

例如要了解当前人工劳务价格,可以咨询专业的劳务分包公司,施工机械租赁可咨询专门从事租赁业务的租赁公司。

(3)咨询公司。

通过咨询公司得到的询价资料比较可靠,但是需要支付一定的咨询费用。

(4)互联网询价。

互联网时代,很多商家会把价格信息发布在特点的网站上,可以通过官网、网上店铺等查询相应价格信息。

(5)现场市场调研。

自行进行市场调查,例如可以通过实地考察建材市场、具体建筑项目,获取相关市场价格信息。

7.3.2 人工单价信息收集

不同的地区和工种人工单价是不一样的,所以要根据工程项目所在地的具体情况来确定人工单价信息。表 7-2 为某地区 2017 年二季度部分人工单价信息汇总。

表 7-2 某地区 2017 年二季度部分人工单价信息汇总

序号	人工名称	单位	7 月	8 月	9 月	10 月	11 月	12 月
1	抹灰工 (一般抹灰工)	工日	134~197	134~197	134~197	135~198	135~198	135~198
2	防水工	工日	128~172	128~172	128~172	129~173	129~173	129~173
3	起重工	工日	129~180	129~180	129~180	130~181	130~181	130~181
4	钢筋工	工日	133~178	133~178	133~178	134~179	134~179	134~179
5	架子工	工日	127~180	127~180	127~180	130~181	130~181	130~181
6	建筑、装饰普工	工日	107~148	107~148	107~148	112~150	112~150	112~150

值得注意的是,人工单价的询价一般有两种情况:一是劳务分包公司询价,费用一般较高,但人工素质较可靠,工效较高,承包商管理较轻松;二是劳务市场招募的零散劳动力,费用一般较劳务分包公司低,但有时素质达不到要求或工效较低,承包商管理工作较繁重。上表所举人工单价信息均未包括劳务管理费用。

7.3.3　材料单价信息收集

材料单价信息要保证报价的可靠,多渠道了解材料价格、供应数量、运输方式、保险、支付方式等。表 7 - 3 为某地区 2017 年二季度部分材料单价信息汇总。

表 7 - 3　某地区 2017 年二季度部分材料单价信息汇总

序号	材料名称	规格序号	单位	7 月	8 月	9 月	10 月	11 月	12 月
1	PC 预制柱	（含钢量 126 kg/m³） 清水	m³	3 200.00	3 200.00	3 200.00	3 528.00	3 632.83	3 705.49
2	PC 预制主梁	（含钢量 260 kg/m³） 清水	m³	3 100.00	3 100.00	3 100.00	3 515.40	3 553.81	3 624.89
3	钢支撑		t	5 250.00	5 350.00	5 340.00	5 460.00	5 900.00	62 800.00
4	预埋铁件		t	6 950.00	7 060.00	7 060.00	7 190.00	7 490.00	7 870.00
5	一般小方材	≤54 cm²	m³	2 075.85	2 075.85	2 075.85	2 075.85	2 075.85	2 075.85

7.3.4　机械台班单价信息收集

施工机械有租赁和采购两种方式。在收集租赁价格信息的时候,要详细了解计价方法,例如每个机械台班租赁费用、最低计费起点、施工机械未工作时租赁费用、进出场费用、燃料费、机上作业人员工资等是如何计取的。表 7 - 4 为某地区 2017 年二季度部分机械台班单价信息汇总;表 7 - 5 为某厂商塔吊租赁报价。

表 7 - 4　某地区 2017 年二季度部分机械台班单价信息汇总

序号	材料名称	规格序号	单位	7 月	8 月	9 月	10 月	11 月	12 月
1	履带式起重机	15 t	台班	986.98	975.20	987.14	986.00	996.96	991.00
2	履带式起重机	25 t	台班	1 075.83	1 060.22	1 076.04	1 073.33	1 087.87	1 079.95
3	履带式起重机	50 t	台班	1 627.50	1 627.50	1 627.50	1 631.19	1 631.19	1 631.19
4	混凝土输送泵车	75 m³/ 小时	台班	2 016.51	1 985.89	2 016.93	2 008.04	2 036.56	2 021.04
5	混凝土振捣器	插入式	台班	13.69	13.69	13.69	13.69	13.69	13.69
6	自升式塔式起重机	起重力矩 1 000 KNM	台班	1 028.39	1 028.39	1 028.39	1 032.09	1 032.09	1 032.09

表 7 - 5　某厂商塔机租赁报价

塔机型号	生产厂家	最大幅度/ 起重量/ m/t	起升高度		塔基基础 节安装 形式	月租赁费/ (台/万元)
			独立高度/m	最大高度/m		
JTZ5510	杭州杰牌	55/1.0	40	140	预埋螺栓式	1.70
QTZ80A	吴淞建机	55/1.2	40	140	基础节预埋 螺栓固定	1.70
QTZ80A	浙江德英	55/1.2	39	140	预埋螺栓式	1.70
QTZ5610	长沙中联	56/1.0	40.5	220	预埋螺栓式	1.70
QTZ80	浙江虎霸	58/1.0	40	140	预埋螺栓式	1.80
QTZ80B	吴淞建机	60/1.0	47	160	预埋螺栓式	2.10
QTZ80	四川锦城	55/1.3	37.6	150	预埋螺栓式	1.70

注：(1) 租赁报价不含安拆、进出场费；报价含增值税 11%，不含运费。
　　(2) 租赁报价不含操作工人人工费。
　　(3) 报价参数为独立高度报价。
　　(4) 超出独立高度的附墙、保准节另收租赁费。

7.4　综合单价编制方法

7.4.1　综合单价的确定方法

　　前面所述，综合单价是计算工程造价的核心内容，确定综合单价的方法有定额组价法（简称定额法），本文重点举例讲解定额法确定综合单价方法。

　　定额组价是根据清单工程量项目和工作内容，套用多个属于此清单项目中的定额项目，计算重新组成一个"定额基价"即综合单价。

　　根据工程量清单规范的清单项目表，要先分析属于此清单项目中的定额项目。在定额组价过程中，常将与清单项目相同的定额项目称为主体项目，其他参与组价的定额项目称为辅助项目。例如，在预制混凝土柱清单项目中（见表 7 - 6），所用到的定额项目中 01 - 5 - 9 - 8（见表 7 - 7）是主体项目，而 01 - 5 - 10 - 16（见表 7 - 8）是辅助项目。

　　分部分项工程量清单应根据《房屋建筑与装饰工程工程量计算规范》（GB50854—2013）中规定的项目编码、项目名称、项目特征、计量单位、工程量计算规则、工作内容进行编制。项目特征是确定综合单价的前提，项目特征决定了工程实体的具体内容，直接影响项目造价，不同的工程同种名称项目所包含的内容不同，项目特征描述肯定也不同。所以在项目特征描述中一定要准确,避免组价时漏项或错算。

例如由预制混凝土矩形柱清单项目表(见表 7 - 6)可知,一个预制混凝土柱清单项目可能包含的内容:预制混凝土柱的安装、运输、接头灌缝等。其可以组价套用的定额子目如表 7 - 7、表 7 - 8 所示。

具体综合单价的确定见后面所述。

表 7 - 6　预制混凝土柱(编号 010509)

项目编码	项目名称	项目特征	计量单位	工程量计算规则	工 作 内 容
010509001	矩形柱	1. 图代号 2. 单件体积 3. 安装高度 4. 混凝土强度等级 5. 砂浆(细石混凝土)强度等级、配合比	1) m³ 2) 根	(1) 以 m³ 计量,按设计图示尺寸以体积计算 (2) 以根计量,按设计图示尺寸以数量计算	① 模板制作、安装、拆除、堆放、运输及清理模内杂物、刷隔离剂等 ② 混凝土制作、运输、浇筑、振捣、养护 ③ 构件运输、安装 ④ 砂浆制作、运输 ⑤ 接头灌缝、养护
010509002	异形柱				

注:以根计量,必须描述单件体积

7.4.2　综合单价的计算步骤

(1)核算清单工程量。

(2)计算定额工程量。

(3)选套定额、确定人材机单价、计算人材机费用。

(4)确定计算基数、费率,计算企业管理费和利润。

(5)计算风险费用。

(6)计算综合单价。

7.4.3　综合单价编制举例

【例题】　某高层装配式住宅楼,预制装饰柱 PC 构件安装项目,清单工程量为 1 m³,企业管理费和利润计算基数为人工费,费率取 25%,试计算其综合单价,预制混凝土柱为甲供材料在综合单价中不考虑预制混凝土柱构件的费用。

1) 核算清单工程量

清单工程量应根据施工图纸、《房屋建筑与装饰工程工程量计算规范》(GB50854—2013)计算规则进行核算。此项在本例中略去,假定工程量清单核算正确,为 1 m³。

表 7-7 预制混凝土柱安装定额

工作内容：支撑杆连接件预埋，构件吊装、就位、校正、固定、底部灌浆，搭设及拆除钢支撑杆件等全部操作过程。

定 额 编 号			单位	01-5-9-8	01-5-9-9	01-5-9-10	01-5-9-11
项 目				装配式建筑构件安装			
				预制混凝土柱/m³	预制混凝土单梁/m³	预制混凝土叠合梁/m³	预制混凝土叠合楼板/m³
人工	00030143	起重工	工日	0.699 0	1.088 7	1.413 6	1.624 5
	00030127	一般抹灰工	工日	0.100 0			
	00030153	其他工	工日	0.042 0	0.057 3	0.074 4	0.085 5
		人工工日	工日	0.841 0	1.146 0	1.488 0	1.710 0
材料	04293121	装配式预制钢筋混凝土柱	m³	1.005 0			
	04293141	装配式预制钢筋混凝土梁	m³		1.005 0		
	04293161	装配式预制钢筋混凝土叠合梁	m³			1.005 0	
	04293181	装配式预制钢筋混凝土叠合板	m³				1.005 0
	03014181	六角螺栓连母垫 M14	套	0.360 0			
	03014182	六角螺栓连母垫 M16	套	0.060 0			
	80075111	高强无收缩灌浆料	kg	9.600 0			
	33330801	预埋铁件	kg	9.800 0			
	35020101	钢支撑	kg		1.000 0	1.429 0	3.990 0
	35020902	扣件	只		1.430 0	2.040 0	4.850 0
	35030347	斜支撑杆件 φ48×3.6	套	0.035 0			
	35030345	立支撑杆件 φ48×3.6	套		0.104 0	0.149 0	0.150 0
		其他材料费	%	0.500 0	0.500 0	0.500 0	0.500 0

注：具体工作内容：(1) 构件吊装、就位、校正、固定、座浆、嵌缝等全部操作过程。
　　　　　　　　(2) 构件吊装、就位、校正、固定，接头钢筋调直、搭设及拆除钢支撑杆件等全部操作过程。
　　　　　　　　(3) 构件吊装、就位、校正、固定等全部操作过程。

2）计算定额工程量

按照定额组价方法，需计算主体项目 01-5-9-8（见表 7-7）装配式预制构件安装预制混凝土柱工程量＝1 m³，辅助项目 01-5-10-16（见表 7-8）预制构件卸车＝1 m³。

表 7 - 8　预制构件卸车定额

工作内容：(1) 混凝土运输、浇捣、看护、养护等全部操作过程。

　　　　　(2) 设置一般支架(垫椤木)装车绑扎,按指定位置卸车堆放,支垫稳固等全部操作过程。

定　额　编　号			单位	01 - 5 - 10 - 15	01 - 5 - 10 - 16
项　　目			单位	现场预制构件	预制构件
				零星构件/m³	卸车/m³
人工	00030121	混凝土工	工日	1.710 0	
	00030143	起重工	工日		0.213 4
	00030153	其他工	工日	0.512 5	
		人工工日	工日	2.222 5	0.213 4
材料	80210501	预拌混凝土(非泵送型)	m³	1.010 0	
	02090101	塑料薄膜	m²	5.250 0	
	05030102	一般木成材	m³	0.000 4	
	05030109	小方材≤54 cm²	m³		0.003 3
	34110101	水	m³	1.378 0	
机械	99050920	混凝土振捣器	台班	0.055 0	
	99090080	履带式起重机 10 t	台班		0.033 4
	99090110	履带式起重机 25 t	台班		0.020 0

　　3) 综合单价的确定

　　(1) 综合单价计算公式。综合单价的计算公式表达为：分部分项工程量清单项目综合单价＝人工费＋材料费＋机械费＋管理费＋利润,其中人工费＝定额工日数×人工单价,有多个工种就按此公式合计相加。同样道理,材料费＝某种材料定额消耗量×材料单价,多个材料就求和相加。机械费＝某种机械台班使用量×台班单价,多种机械就求和相加。管理费和利润＝计算基数×费率,具体计算基数和费率根据造价文件规定选取,在编制造价时应明确具体的计算基数和费率。

　　(2) 人材机消耗量见定额表(见表 7 - 7、表 7 - 8)。

　　(3) 人材机市场信息价。根据某市发布的 2017 年 6 月市场信息价格来编制。

　　各人、材、机消耗量及市场信息价(见表 7 - 9、表 7 - 10)。

　　其中：起重工合价＝定额消耗量×市场信息价格＝0.699 0×181＝126.519 元,表示安装 1 m³ 的预制混凝土柱需要花费起重工的价格是 126.519 元。这里要注意若实际定额消耗量和用到的定额消耗量不一样,应该在综合单价表中定额编号后面写上"换"字。例如：5 - 4 - 50 换,表示定额中人工定额含量或者材料含量、机械含量进行了修改或者换算。

表7-9 01-5-9-8定额中各人、材、机消耗量、市场信息价及合价

品 种	名 称	定额消耗量/每 m³	市场信息价/元	合 价
人工	起重工	0.699 0	181	126.519
	一般抹灰工	0.100	198	19.8
	其他工	0.042 0	150	6.3
材料	六角螺栓连母垫 M14	0.360 0	4.7	1.692
	六角螺栓连母垫 M16	0.060 0	5.2	0.312
	高强无收缩灌浆料	9.600 0	15.36	147.456
	预埋铁件	9.800 0	5.66	55.468
	斜支撑杆件 φ48×3.6	0.035 0	195	6.825
	其他材料费	5%	—	1.058 8

一般抹灰工合价＝0.100×198＝19.8 元；

其他工合价＝0.042 0×150＝6.3 元；

本项中人工费合计＝126.519＋19.8＋6.3＝152.619 元；

六角螺栓连母垫 M14 合价＝0.36×4.7＝1.692 元；

六角螺栓连母垫 M16 合价＝0.06×5.2＝0.312 元；

高强无收缩灌浆料合价＝9.6×15.36＝147.456 元；

预埋铁件合价＝9.800 0×5.66＝55.468 元；

斜支撑杆件 φ48×3.6 合价＝0.035 0×195＝6.825 元；

本项目中除其他材料费外的材料费合计＝1.692＋0.312＋147.456＋55.468＋6.825＝211.753 元；

需要注意表7-9中其他材料费＝材料费合计×0.5%＝211.753×0.5%＝1.058 8 元；

本项目中最终材料费合计＝211.753＋1.058 8＝212.811 8 元；

本项目中企业管理费和利润＝人工费×25%＝152.619×25%＝38.154 75 元。

表7-10 01-5-10-16定额中各人、材、机消耗量、市场信息价及合价

品种	名 称	原始定额消耗量/每 m³	实际定额消耗量/每 m³	市场信息价/元	合 价
人工	起重工	0.213 4	0.426 8	181	77.250 8
材料	一般小方材≤54 cm²	0.003 3	0.003 3	1 975.29	6.518
机械	履带式起重机 10 t	0.033 4	0.033 4	773.8	25.844 9
	履带式起重机 25 t	0.020 0	0.020 0	1 014.2	20.284

其中：起重工合价＝实际定额消耗量×市场信息价格＝0.426 8×181＝77.250 8元，这里要注意若实际定额消耗量和用到的定额消耗量不一样，应该在综合单价表中定额编号后面写上"换"字，即01－5－10－16换：

本项中人工费合计＝起重工合价＝77.250 8元；

本项目中材料费合计＝一般小方材≤54 cm² 合价＝0.003 3×1 975.29＝6.518元；

履带式起重机10 t 合价＝0.033 4×773.8＝25.844 9元；

履带式起重机25 t 合价＝0.020 0×1 014.2＝20.284元；

本项目中机械费用合计＝25.844 9＋20.284＝46.128 9元；

本项目中企业管理费和利润＝人工费×25%＝77.250 8×25%＝19.312 7元；

将两个项目的人工费合计＝152.619＋77.250 8＝229.869 8元，材料费合计＝212.811 8＋6.518＝219.329 8元，机械费合计＝46.128 9元，企业管理费和利润合计＝38.154 75＋19.312 7＝57.467 45元；

人工单价＝人工合价/人工工日消耗量＝229.869 8/(0.699 0＋0.100＋0.042 0＋0.426 8)

$\qquad$ ＝229.869 8/1.267 8＝181.31元/工日；

综合单价合计＝229.869 8＋219.329 8＋46.128 9＋57.467 45＝552.79元/m³。

将上述人工、材料、机械数据填入表7－11中，形成最终预制装饰柱PC构件安装的分部分项工程量清单综合单价分析表。

表7-11　分部分项工程量清单综合单价分析表

工程名称：某高层装配式住宅项目　　　　　　　　　标段：　　　　　　第　　页　共　　页

项目编码	010509002001	项目名称	预制装饰柱PC构件安装	工程数量	1	计量单位	m³
清单综合单价组价明细							

定额编号	定额名称	定额单位	数量	单价				合价			
				人工费	材料费	机械费	企业管理费和利润	人工费	材料费	机械费	企业管理费和利润
01-5-9-8	装配式预制构件安装预制混凝土柱	m³	1	152.62	212.81	—	38.15	152.62	212.81	—	38.15
01-5-10-16换	预制构件卸车	m³	1	77.25	6.52	46.13	19.31	77.25	6.52	46.13	19.31
人工单价	小　计							229.87	219.33	46.13	57.46
181.31元/工日	未计价材料费										
清单项目综合单价								552.79			

续表

	主要材料名称、规格、型号	单位	数量	单价/元	合价/元	暂估单价/元	暂估合价/元
材料费明细	六角螺栓连母垫 M14	套	0.360 0	4.7	1.692		
	六角螺栓连母垫 M16	套	0.060 0	5.2	0.312		
	高强无收缩灌浆料	kg	9.600 0	15.36	147.456		
	预埋铁件	kg	9.800 0	5.66	55.468		
	斜支撑杆件 $\phi48\times3.6$	套	0.035 0	195	6.825		
	其他材料费	%	0.500 0	—	1.059		
	一般小方材≤54 cm²	m³	0.003 3	1 975.29	6.518		
	材料费小计				219.33		

第8章
建筑面积计算

8.1 概 述

建筑面积的计算作为计算工程量的第一个步骤,对于后续的工程量计算以及工程经济性的评价有着重要意义。

8.1.1 建筑面积的概念

建筑面积系指建筑物各层平面面积,即各层外围水平投影面积的总和。它是建筑物几个技术特征指标中的一项重要指标。

8.1.2 建筑面积的组成

建筑面积包括使用面积、辅助面积和结构面积。

使用面积系指建筑物各层平面中可直接为生产或生活使用的净面积总和。例如住宅建筑中,居室净面积称为居住面积。

辅助面积系指建筑物各层平面中辅助生产或生活所占的净面积总和,如楼梯、电梯间、走廊等。

使用面积与辅助面积之和称有效面积。

结构面积系指建筑物各层平面布置中的墙体、柱等结构所占的面积的总和(不包括抹灰厚度所占面积)。

8.1.3 建筑面积计算规则中的术语

(1) 结构层高(structure story height)楼面或地面结构层上表面至上部结构层上表面

之间的垂直距离。

（2）结构净高（structure net height）楼面或地面结构层上表面至上部结构层下表面之间的垂直距离。

（3）围护结构（building enclosure）围合建筑空间的墙体、门、窗。

（4）围护设施（enclosure facilities）为保障安全而设置的栏杆、栏板等围挡。

（5）架空层（stilt floor）仅有结构支撑而无外围护结构的开敞空间层（见图8-1）。

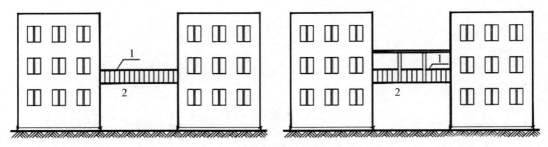

图8-1　无围护结构的架空走廊
1-栏杆；2-架空走廊

（6）架空走廊（elevated corridor）专门设置在建筑物的二层或二层以上，作为不同建筑物之间水平交通的空间（见图8-2）。

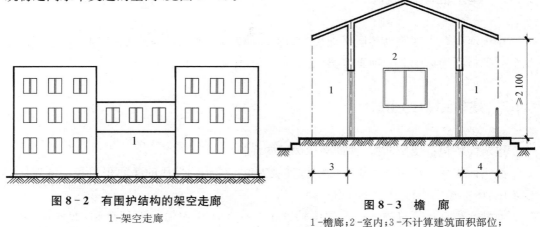

图8-2　有围护结构的架空走廊
1-架空走廊

图8-3　檐　廊
1-檐廊；2-室内；3-不计算建筑面积部位；
4-计算1/2建筑面积部位

（7）凸窗（飘窗）（bay window）凸出建筑物外墙面的窗户。

（8）檐廊（eaves gallery）建筑物挑檐下的水平交通空间（见图8-3）。

（9）挑廊（overhanging corridor）挑出建筑物外墙的水平交通空间。

（10）门斗（air lock）建筑物入口处两道门之间的空间（见图8-4）。

（11）骑楼（overhang）建筑底层沿街面后退且留出公共人行空间的建筑物（见图8-5）。

（12）建筑物通道（passage）为穿过建筑物而设置的空间（见图8-6）。

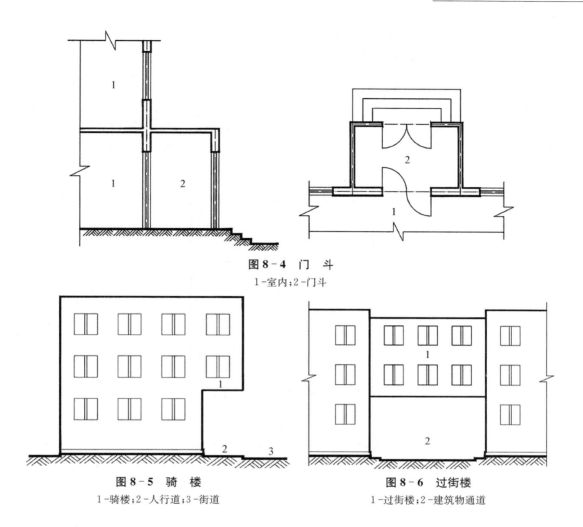

图 8-4　门　斗
1-室内；2-门斗

图 8-5　骑　楼
1-骑楼；2-人行道；3-街道

图 8-6　过街楼
1-过街楼；2-建筑物通道

（13）建筑物通道（passage）为穿过建筑物而设置的空间。

（14）露台（terrace）设置在屋面、首层地面或雨篷上的供人室外活动的有围护设施的平台。露台应满足四个条件：一是位置，设置在屋面、地面或雨篷顶，二是可出入，三是有围护设施，四是无盖，这四个条件须同时满足。如果设置在首层并有围护设施的平台，且其上层为同体量阳台，则该平台应视为阳台，按阳台的规则计算建筑面积。

8.2　建筑面积计算规则

8.2.1　计算全面积的部分

（1）建筑物的建筑面积应按自然层外墙结构外围水平面积之和计算。结构层高在

2.20 m 及以上的,应计算全面积。

补充说明:建筑面积计算,在主体结构内形成的建筑空间,满足计算面积结构层高要求的均应按本条规定计算建筑面积。当外墙结构本身在一个层高范围内不等厚时,以楼地面结构标高处的外围水平面积计算。

(2) 建筑物内设有局部楼层时,对于局部楼层的二层及以上楼层,有围护结构的应按其围护结构外围水平面积计算,无围护结构的应按其结构底板水平面积计算,且结构层高在 2.20 m 及以上的,应计算全面积。图 8-7 为局部楼层。

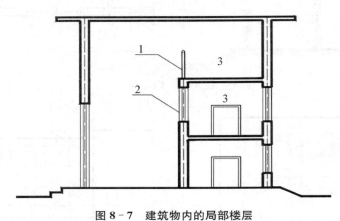

图 8-7 建筑物内的局部楼层
1-围护设施;2-围护结构;3-局部楼层

(3) 对于形成建筑空间的坡屋顶,结构净高在 2.10 m 及以上的部位应计算全面积。

(4) 对于场馆看台下的建筑空间,结构净高在 2.10 m 及以上的部位应计算全面积。室内单独设置的有围护设施的悬挑看台,应按看台结构底板水平投影面积计算建筑面积。

补充说明:场馆看台下的建筑空间因其上部结构多为斜板,所以采用净高的尺寸划定建筑面积的计算范围和对应规则。室内单独设置的有围护设施的悬挑看台,因其看台上部设有顶盖且可供人使用,所以按看台板的结构底板水平投影计算建筑面积。"有顶盖无围护结构的场馆看台"所称的"场馆"为专业术语,指各种"场"类建筑,如体育场、足球场、网球场、带看台的风雨操场等。

(5) 地下室、半地下室应按其结构外围水平面积计算。结构层高在 2.20 m 及以上的,应计算全面积。

补充说明:地下室作为设备、管道层按第(20)条执行;地下室的各种竖向井道按第(15)条执行;地下室的围护结构不垂直于水平面的按第(14)条规定执行。

(6) 建筑物架空层及坡地建筑物吊脚架空层,应按其顶板水平投影计算建筑面积。结构层高在 2.20 m 及以上的,应计算全面积。

补充说明:出入口坡道分有顶盖出入口坡道和无顶盖出入口坡道,出入口坡道顶盖的挑出长度,为顶盖结构外边线至外墙结构外边线的长度;顶盖以设计图纸为准,对后增加及建设单位自行增加的顶盖等,不计算建筑面积。顶盖不分材料种类(如钢筋混凝土顶盖、彩钢板顶盖、阳光板顶盖等)。地下室出入口如图 8-8 所示。

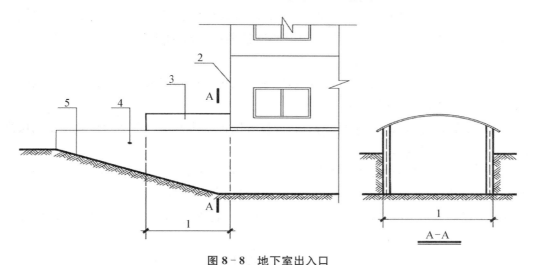

图 8-8　地下室出入口

1-计算 1/2 投影面积部位;2-主体建筑;3-出入口　4-封闭出入口侧墙;5-出入口坡道

(7) 建筑物的门厅、大厅应按一层计算建筑面积,门厅、大厅内设置的走廊应按走廊结构底板水平投影面积计算建筑面积。结构层高在 2.20 m 及以上的,应计算全面积。

补充说明:本条既适用于建筑物吊脚架空层、深基础架空层建筑面积的计算,也适用于目前部分住宅、学校教学楼等工程在底层架空或在二楼或以上某个甚至多个楼层架空,作为公共活动、停车、绿化等空间的建筑面积的计算。架空层中有围护结构的建筑空间按相关规定计算。建筑物吊脚架空层如图 8-9 所示。

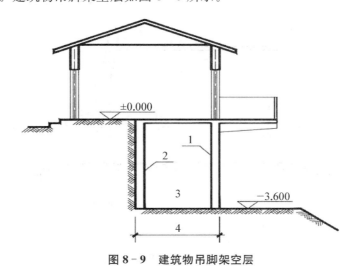

图 8-9　建筑物吊脚架空层

1-柱;2-墙;3-吊脚架空层;4-计算建筑面积部位

（8）对于建筑物间的架空走廊，有顶盖和围护设施的，应按其围护结构外围水平面积计算全面积。

（9）对于立体书库、立体仓库、立体车库，有围护结构的，应按其围护结构外围水平面积计算建筑面积；无围护结构、有围护设施的，应按其结构底板水平投影面积计算建筑面积。无结构层的应按一层计算，有结构层的应按其结构层面积分别计算。结构层高在2.20 m及以上的，应计算全面积。

（10）有围护结构的舞台灯光控制室，应按其围护结构外围水平面积计算。结构层高在2.20 m及以上的，应计算全面积。

（11）附属在建筑物外墙的落地橱窗，应按其围护结构外围水平面积计算。结构层高在2.20 m及以上的，应计算全面积。

（12）门斗应按其围护结构外围水平面积计算建筑面积，且结构层高在2.20 m及以上的，应计算全面积。

（13）设在建筑物顶部的、有围护结构的楼梯间、水箱间、电梯机房等，结构层高在2.20 m及以上的应计算全面积。

（14）围护结构不垂直于水平面的楼层，应按其底板面的外墙外围水平面积计算。结构净高在2.10 m及以上的部位，应计算全面积。

补充说明：对于向内、向外倾斜均适用。在划分高度上，使用的是"结构净高"，与其他正常平楼层按层高划分不同，但与斜屋面的划分原则相一致。由于目前很多建筑设计追求新、奇、特，造型越来越复杂，很多时候根本无法明确区分什么是围护结构、什么是屋顶，因此对于斜围护结构与斜屋顶采用相同的计算规则，即只要外壳倾斜，就按结构净高划段，分别计算建筑面积（见图8－10）。

（15）建筑物的室内楼梯、电梯井、提物井、管道井、通风排气竖井、烟道，应并入建筑

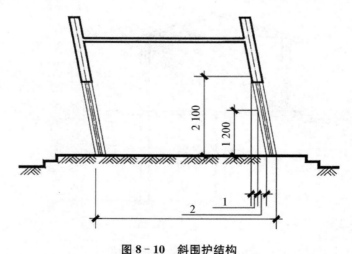

图8－10　斜围护结构

1-计算1/2建筑面积部位；2-不计算建筑面积部位

物的自然层计算建筑面积。有顶盖的采光井应按一层计算面积,且结构净高在 2.10 m 及以上的,应计算全面积。

补充说明:建筑物的楼梯间层数按建筑物的层数计算。有顶盖的采光井包括建筑物中的采光井和地下室采光井(见图 8-11)。

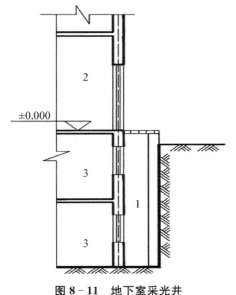

图 8-11　地下室采光井
1-采光井;2-室内;3-地下室

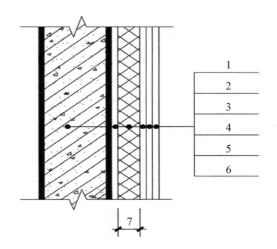

图 8-12　建筑外墙外保温
1-墙体;2-黏结胶浆;3-保温材料;4-标准网;5-加强网;
6-抹面胶浆;7-计算建筑面积部位

(16)在主体结构内的阳台,应按其结构外围水平面积计算全面积。

补充说明:建筑物的阳台,不论其形式如何,均以建筑物主体结构为界分别计算建筑面积。

(17)以幕墙作为围护结构的建筑物,应按幕墙外边线计算建筑面积。

补充说明:幕墙以其在建筑物中所起的作用和功能来区分,直接作为外墙起围护作用的幕墙,按其外边线计算建筑面积;设置在建筑物墙体外起装饰作用的幕墙,不计算建筑面积。

(18)建筑物的外墙外保温层,应按其保温材料的水平截面积计算,并计入自然层建筑面积(见图 8-12)。

补充说明:为贯彻国家节能要求,鼓励建筑外墙采取保温措施,本规范将保温材料的厚度计入建筑面积。建筑物外墙外侧有保温隔热层的,保温隔热层以保温材料的净厚度乘以外墙结构外边线长度按建筑物的自然层计算建筑面积,其外墙外边线长度不扣除门窗和建筑物外已计算建筑面积构件(如阳台、室外走廊、门斗、落地橱窗等部件)所占长度。当建筑物外已计算建筑面积的构件(如阳台、室外走廊、门斗、落地橱窗等部件)有保温隔热层时,其保温隔热层也不再计算建筑面积。外墙是斜面者按楼面楼板处的外墙外边线长度乘以保温材料的净厚度计算。外墙外保温以沿高度方向满铺为准,某层外墙外保温铺设高度未达到全部高度时(不包括阳台、室外走廊、门斗、落地橱窗、雨篷、飘窗等),不计算建筑面积。保温隔热层的建筑面积是以保温隔热材料的厚度来计算的,不包含抹灰层、防潮层、保护层(墙)的厚度。

(19)与室内相通的变形缝,应按其自然层合并在建筑物建筑面积内计算。对于高低联跨的建筑物,当高低跨内部连通时,其变形缝应计算在低跨面积内。

补充说明:与室内相通的变形缝,是指暴露在建筑物内,在建筑物内可以看得见的变形缝。

(20)对于建筑物内的设备层、管道层、避难层等有结构层的楼层,结构层高在 2.20 m 及以上的,应计算全面积。

补充说明:设备层、管道层虽然其具体功能与普通楼层不同,但在结构上及施工消耗上并无本质区别,且本规范定义自然层为"按楼地面结构分层的楼层",因此设备、管道楼层归为自然层,其计算规则与普通楼层相同。在吊顶空间内设置管道的,则吊顶空间部分不能被视为设备层、管道层。

8.2.2 计算 1/2 面积的部分

(1)结构层高在 2.20 m 以下的单层建筑,应计算 1/2 面积。

(2)建筑物内设有局部楼层时,对于局部楼层的二层及以上楼层,有围护结构的应按其围护结构外围水平面积计算,无围护结构的应按其结构底板水平面积计算,结构层高在 2.20 m 以下的,应计算 1/2 面积。

(3)对于形成建筑空间的坡屋顶,结构净高在 1.20 m 及以上至 2.10 m 以下的部位应计算 1/2 面积。

(4)对于场馆看台下的建筑空间,结构净高在 1.20 m 及以上至 2.10 m 以下的部位应计算 1/2 面积。有顶盖无围护结构的场馆看台应按其顶盖水平投影面积的 1/2 计算面积。

(5)地下室、半地下室结构层高在 2.20 m 以下的,应计算 1/2 面积。

(6)出入口外墙外侧坡道有顶盖的部位,应按其外墙结构外围水平面积的 1/2 计算面积。

(7)建筑物架空层及坡地建筑物吊脚架空层,结构层高在 2.20 m 以下的,应计算 1/2 面积。

(8)建筑物的门厅、大厅应按一层计算建筑面积,结构层高在 2.20 m 以下的,应计算 1/2 面积。

(9)对于建筑物间的架空走廊,无围护结构、有围护设施的,应按其结构底板水平投影面积计算 1/2 面积。

(10)对于立体书库、立体仓库、立体车库,结构层高在 2.20 m 以下的,应计算 1/2 面积。

(11)有围护结构的舞台灯光控制室,结构层高在 2.20 m 以下的,应计算 1/2 面积。

（12）附属在建筑物外墙的落地橱窗，结构层高在 2.20 m 以下的，应计算 1/2 面积。

（13）窗台与室内楼地面高差在 0.45 m 以下且结构净高在 2.10 m 及以上的凸（飘）窗，应按其围护结构外围水平面积计算 1/2 面积。

（14）有围护设施的室外走廊（挑廊），应按其结构底板水平投影面积计算 1/2 面积；有围护设施（或柱）的檐廊，应按其围护设施（或柱）外围水平面积计算 1/2 面积。

（15）门斗应按其围护结构外围水平面积计算建筑面积，结构层高在 2.20 m 以下的，应计算 1/2 面积。

（16）门廊应按其顶板的水平投影面积的 1/2 计算建筑面积；有柱雨篷应按其结构板水平投影面积的 1/2 计算建筑面积；无柱雨篷的结构外边线至外墙结构外边线的宽度在 2.10 m 及以上的，应按雨篷结构板的水平投影面积的 1/2 计算建筑面积。

补充说明：雨篷出挑宽度，系指雨篷结构外边线至外墙结构外边线的宽度，弧形或异形时，取最大宽度。

（17）设在建筑物顶部的、有围护结构的楼梯间、水箱间、电梯机房等，结构层高在 2.20 m 以下的，应计算 1/2 面积。

（18）围护结构不垂直于水平面的楼层，应按其底板面的外墙外围水平面积计算。结构净高在 2.10 m 及以上的部位，应计算全面积；结构净高在 1.20 m 及以上至 2.10 m 以下的部位，应计算 1/2 面积。

（19）建筑物的室内楼梯、电梯井、提物井、管道井、通风排气竖井、烟道，结构净高在 2.10 m 以下的，应计算 1/2 面积。

（20）室外楼梯应并入所依附建筑物自然层，并应按其水平投影面积的 1/2 计算建筑面积。

补充说明：室外楼梯作为连接该建筑物层与层之间交通不可缺少的基本部件，无论从其功能还是工程计价的要求来说，均需计算建筑面积。层数为室外楼梯所依附的楼层数，即梯段部分投影到建筑物范围的层数。利用室外楼梯下部的建筑空间不得重复计算建筑面积；利用地势砌筑的为室外踏步，不计算建筑面积。

（21）在主体结构外的阳台，应按其结构底板水平投影面积计算 1/2 面积。

（22）有顶盖无围护结构的车棚、货棚、站台、加油站、收费站等，应按其顶盖水平投影面积的 1/2 计算建筑面积。

（23）对于建筑物内的设备层、管道层、避难层等有结构层的楼层，结构层高在 2.20 m 以下的，应计算 1/2 面积。

8.2.3　不计算建筑面积的范围

（1）与建筑物内不相连通的建筑部件。

补充说明：指的是依附于建筑物外墙外不与户室开门连通，起装饰作用的敞开式挑台(廊)、平台,以及不与阳台相通的空调室外机搁板(箱)等设备平台部件。

(2)骑楼、过街楼底层的开放公共空间和建筑物通道;

(3)舞台及后台悬挂幕布和布景的天桥、挑台等。

补充说明:指的是影剧院的舞台及为舞台服务的可供上人维修、悬挂幕布、布置灯光及布景等搭设的天桥和挑台等构件设施。

(4)露台、露天游泳池、花架、屋顶的水箱及装饰性结构构件。

(5)建筑物内的操作平台、上料平台、安装箱和罐体的平台。

补充说明:建筑物内不构成结构层的操作平台、上料平台(包括:工业厂房、搅拌站和料仓等建筑中的设备操作控制平台、上料平台等),其主要作用为室内构筑物或设备服务的独立上人设施,因此不计算建筑面积。

(6)勒脚、附墙柱、垛、台阶、墙面抹灰、装饰面、镶贴块料面层、装饰性幕墙,主体结构外的空调室外机搁板(箱)、构件、配件,挑出宽度在 2.10 m 以下的无柱雨篷和顶盖高度达到或超过两个楼层的无柱雨篷;窗台与室内地面高差在 0.45 m 以下且结构净高在 2.10 m 以下的凸(飘)窗,窗台与室内地面高差在 0.45 m 及以上的凸(飘)窗。

(7)室外爬梯、室外专用消防钢楼梯;无围护结构的观光电梯。

补充说明:室外钢楼梯需要区分具体用途,如专用于消防楼梯,则不计算建筑面积,如果是建筑物唯一通道,兼用于消防,则需要计算 1/2 建筑面积。

(8)建筑物以外的地下人防通道,独立的烟囱、烟道、地沟、油(水)罐、气柜、水塔、贮油(水)池、贮仓、栈桥等构筑物。

(9)建筑物以外的地下人防通道,独立的烟囱、烟道、地沟、油(水)罐、气柜、水塔、储油(水)池、贮仓、栈桥等构筑物。

第 9 章
预制混凝土构件制作工程量计算

9.1 模板工程量计算

9.1.1 工程量计算规则

某地区工程量计算规则规定如下：

(1) 基础模板。除另有规定者外，均按模板与混凝土的接触面积(扣除后浇带所占面积)计算；梁式带形基础、带形桩承台基础、有梁式满堂基础，梁高(指基础扩大顶面至梁顶面的高)≤1.2 m时，模板合并计算；>1.2 m时，扩大顶面以上部分模板按混凝土墙子目计算；基础内的集水井模板并入相应基础模板工程量计算；基坑支撑应扣除支撑交叉重叠开口部分的面积；杯型及高杯基础应计算杯芯模板，并入相应基础模板工程量内。有梁式带形基础、带形桩承台基础、有梁式满堂基础带杯芯者，杯芯按只计算，不再计算杯芯接触面积；设备基础除块体设备基础外，其他如框架设备基础应分别按基础、柱、梁及墙的相应子目计算；楼层面上的设备基础并入板子目计算，如在同一设备基础中部分为块体，部分为框架时，应分别计算。

(2) 柱模板按柱周长乘以柱高计算，牛腿的模板面积并入柱模板工程量内。

柱高从柱基或板上表面算至上一层楼板下表面，无梁板算至柱帽底部标高；构造柱应按图示外露部分计算模板面积；带马牙槎构造柱的宽度按马牙槎处的宽度计算；梁模板按与混凝土接触的展开面积计算，梁侧的出沿按展开面积并入梁模板工程量内。

(3) 梁长的计算按以下规定：① 梁与柱连接时，梁长算至柱侧面；② 主梁与次梁连接时，次梁长算至主梁侧面；③ 梁与墙连接时，梁长算至墙侧面。如墙为砌块(砖)墙时，伸入墙内的梁头和梁垫的模板；④ 并入梁的工程量内；⑤ 拱形梁、弧形梁不分曲率大小，截面不分形状，均按梁中心部分的弧长计算；⑥ 圈梁与过梁连接时，过梁长度按门、窗洞口宽度两端共加 500 mm 计算。

（4）墙、板单孔面积≤0.3 m² 的孔洞不予扣除，侧洞壁模板亦不增加；单孔面积＞0.3 m²时，应予扣除，洞侧壁模板面积并入墙、板模板工程量以内计算。具体要求：① 弧形墙、弧形板（不分有梁板、平板）不分曲率大小、均按圆弧部分的弓形面积计算；② 空心楼板内模按空心部分体积计算；③ 无梁板柱帽模板并入板模板工程量内计算；④ 不同类型的板连接时，以墙中心线为界。

（5）现浇混凝土框架分别按柱、梁、板有关规定计算，附墙柱、暗梁、暗柱并入墙工程量内计算。

（6）柱、梁、墙、板、栏板相互连接的重叠部分均不扣除模板面积。

（7）挑檐、天沟与板（包括屋面板、楼板）连接时，以外墙外边线为分界线；与梁（包括圈梁等）连接时，以梁外边线为分界线。外墙外边线以外或梁外边线以外为挑檐、天沟。

（8）悬挑板、雨篷、阳台按图示外挑部分尺寸的水平投影面积计算。挑出墙外的悬臂梁及板边不另计算。由柱支承的大雨棚，应按柱、板分别计算模板工程量。

（9）楼梯（包括休息平台、平台梁、斜梁和楼层板的连接的梁）按水平投影面积计算。不扣除宽度≤500 mm 楼梯井所占面积，楼梯的踏步、踏步板、平台梁等侧面模板不另行计算，伸入墙内部分也不增加。当整体楼梯与现浇楼板无梯梁连接时，以楼梯的最后一个踏步边缘加 300 mm 为界。

（10）凸出的线条模板增加费，以凸出棱线的道数分别按长度计算，两条及多条线条相互之间的净距小于 100 mm 的，每两条按一条计算。

（11）台阶不包括梯带，按图示尺寸的水平投影面积计算，台阶与平台连接时，以最上层踏步外沿加 300 mm 为界。台阶端头两侧不另计算模板面积；架空式台阶按现浇楼梯计算。

（12）后浇带按模板与后浇带的接触面积计算。

（13）零星构件、电缆沟、地沟、扶手压顶、检查井及散水按模板与混凝土的接触面积计算。

（14）现场预制零星构件按设计图示尺寸以混凝土构件体积计算。

9.1.2　计算公式

$$柱模板 \ S = L_{周长} \times h$$
$$梁模板 \ S = S_{底} + S_{侧} = a \times L + 2 \times b \times L$$
$$墙、板 \ S = S_{底} + S_{侧} = a \times b - S_{洞} + 2 \times (a+b) \times d$$
$$悬挑板、雨篷、阳台 \ S = a \times b$$
$$楼梯 \ S = a \times (b+300) - S_{楼梯井}$$
$$台阶 \ S = a \times (b+300)$$

9.1.3　工程量计算实例

【**例 9‑1**】　根据图 9‑1 计算预制梁制作工程量。

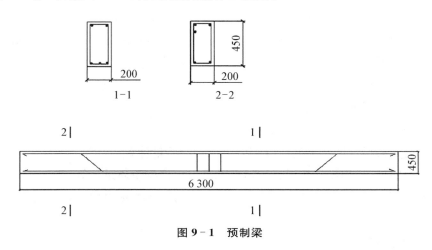

图 9‑1　预制梁

梁模板工程量计算：

$$S = S_底 + S_侧 = a \times L + 2 \times b \times L$$
$$S_底 = 0.2 \times 6.3 = 1.26 \ \text{m}^2$$
$$S_侧 = 2 \times 0.45 \times 6.3 = 5.67 \ \text{m}^2$$
$$S = 1.26 + 5.67 = 6.93 \ \text{m}^2$$

9.2　钢筋工程量计算

9.2.1　工程量计算规则

（1）现浇、现场预制构件成型钢筋及现场制作钢筋均按设计图示钢筋长度乘以单位理论质量计算。

（2）钢筋搭接长度应按设计图示及规范要求计算。伸出构件的锚固钢筋应并入钢筋工程量内。

（3）后张法预应力钢筋按设计图示钢筋（绞线、丝束）长度乘以单位理论质量计算：① 低合金钢筋两端采用螺杆锚具时，钢筋长度按孔道长度减 0.35 m 计算，螺杆另行计算；② 低合金钢筋一端采用镦头插片，另一端采用螺杆锚具时，钢筋长度按孔道计算，螺杆另行计算；③ 低合金钢筋一端采用镦头插片，另一端采用帮条锚具时，钢筋按增加

0.15 m 计算；两端均采用帮条锚具时，钢筋长度按孔道长度增加 0.3 m 计算；④ 低合金钢筋采用后张混凝土自锚时，钢筋长度按孔道长度增加 0.35 m 计算；⑤ 低合金钢筋（钢绞线）采用 JM、XM、QM 型锚具，孔道长度≤20 m 时，钢筋长度按孔道长度增加 1 m 计算；孔道长度＞20 m 时，钢筋长度按孔道长度增加 1.8 m 计算；⑥ 碳素钢丝采用锥形锚具，孔道长度≤20 m 时，钢丝束长度按孔道长度增加 1 m 计算；孔道长度＞20 m 时，钢筋长度按孔道长度增加 1.8 m 计算；⑦ 碳素钢丝采用镦头锚具时，钢丝束长度按孔道长度增加 0.35 m 计算；⑧ 预应力钢丝束、钢绞线锚具安装按套数计算。

（4）各类钢筋机械连接接头不分钢筋规格，按设计要求或施工规范规定以只计算，且不再计算该处的钢筋搭接长度。

（5）钢筋植筋不分孔深，按钢筋规格以根计算。

（6）钢筋笼按设计图示钢筋长度乘以单位理论质量计算。

（7）预埋铁件、预埋螺栓按设计图示尺寸乘以单位理论质量计算。

（8）支撑钢筋、型钢按设计图示（或施工组织设计）尺寸乘以单位理论质量计算。

9.2.2　计算公式

（1）预制砼钢筋、钢筋网片、支撑筋、（先张法、后张法）预应力钢筋（钢丝、钢绞线）、钢筋笼设计图示钢筋（网）长度（面积）×单位理论质量计算（t）。

（2）对后张法预应力钢筋、钢丝束、钢绞线，按设计预留孔道长度±（由不同锚具引起的）长度：① 两端螺杆锚具时，减 0.35 m；② 一端镦头插片，一端螺杆锚具时，不加不减；③ 一端镦头插片，一端帮条锚具时，加 0.15 m；二端帮条锚具时，加 0.3 m；④ 后张混凝土自锚时，加 0.35 m；⑤ JM、XM、QM 型锚具：孔道长≤20 m 时，加 1 m；孔道长＞20 m 时，加 1.8 m；⑥ 碳素钢丝锥形锚具（同上）；⑦ 碳素钢丝两端镦头锚具时，加 0.35 m。

9.3　预制柱制作工程量计算

9.3.1　工程量计算规则

装配整体式混凝土结构件安装，均按成品构件的设计图示尺寸以实体积计算，依附于成品构件内的各类保温层、饰面层的体积并入相应构件安装中计算。不扣除构件内钢筋、预埋铁件、配管、套管、线盒等所占体积，构件外露钢筋体积亦不再增加。

混凝土工程量除另有规定者外，均按设计图示尺寸以体积计算。不扣除构件内钢筋、预埋铁件、预埋螺栓所占体积。

9.3.2　计算公式

$$V = V_{柱} + V_{牛腿} - V_{空} = S \times h + V_{牛腿} - V_{空} = a \times b \times h + V_{牛腿} - V_{空}$$

9.3.3　工程量计算实例

【例 9 - 2】　根据图 9 - 2 计算预制柱制作工程量。

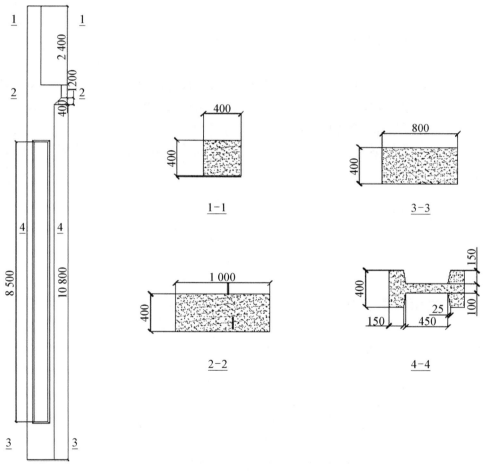

图 9 - 2　预制柱

柱混凝土工程量计算：

$$V = V_{柱} + V_{牛腿} - V_{空}$$

$$V_{柱} = 0.4 \times 0.4 \times 2.4 + 0.8 \times 0.4 \times 10.8 = 3.84 \ \text{m}^3$$

$$V_{\text{牛腿}} = \left[\frac{1}{2} \times (0.8 + 1) \times 0.2 + 0.4 \times 1\right] \times 0.4 = 0.232 \text{ m}^3$$

$$V_{\text{空}} = \frac{1}{2} \times (8.5 \times 0.5 + 8.45 \times 0.45) \times 0.15 \times 2 = 1.208 \text{ m}^3$$

$$V = 2.864 \text{ m}^3$$

9.4 预制梁制作工程量计算

9.4.1 工程量计算规则

装配整体式混凝土结构件安装,均按成品构件的设计图示尺寸以实体积计算,依附于成品构件内的各类保温层、饰面层的体积并入相应构件安装中计算。不扣除构件内钢筋、预埋铁件、配管、套管、线盒等所占体积,构件外露钢筋体积亦不再增加。

混凝土工程量除另有规定者外,均按设计图示尺寸以体积计算。不扣陈构件内钢筋、预埋铁件、预埋螺栓所占体积。

9.4.2 计算公式

$$V = S \times L = a \times b \times L$$

9.4.3 工程量计算实例

【例 9–3】 根据图 9–3 计算预制挑梁制作工程量。

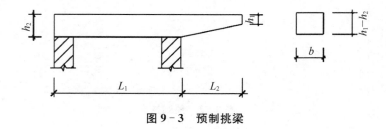

图 9–3 预制挑梁

变截面梁混凝土工程量:

$$V = b \times h_2 \times L_1 + \frac{1}{2} \times (h_1 + h_2) L_2 \times b$$

9.5　预制墙、板制作工程量计算

9.5.1　工程量计算规则

　　装配整体式混凝土结构件制作,均按成品构件的设计图示尺寸以实体积计算,依附于成品构件内的各类保温层、饰面层的体积并入相应构件安装中计算。不扣除构件内钢筋、预埋铁件、配管、套管、线盒等所占体积,构件外露钢筋体积亦不再增加。

　　墙按设计图示尺寸以体积计算,扣除门窗洞口及单个面积 0.3 m² 孔洞所占体积,墙垛及突出部分并入墙体积内计算。

　　板按设计图示尺寸以体积计算,不扣除单个面积≤0.3 m² 的柱、垛及孔洞所占体积。

　　实心平板、空心板、槽形板、网架板、带肋板等,不扣除单个 0.3×0.3 m 以内孔洞体积,但须扣除空心板空洞体积。

9.5.2　计算公式

$$V = (S_{板} - S_{楼梯}、S_{洞口}) \times h$$

9.6　预制楼梯制作工程量计算

9.6.1　工程量计算规则

　　装配整体式混凝土结构件制作,均按成品构件的设计图示尺寸以实体积计算,依附于成品构件内的各类保温层、饰面层的体积并入相应构件安装中计算。不扣除构件内钢筋、预埋铁件、配管、套管、线盒等所占体积,构件外露钢筋体积亦不再增加。

　　楼梯制作应扣除空心踏步板的空洞体积。

　　预制钢砼楼梯按设计图示尺寸以实体积计算,扣空心踏步板空洞体积。

9.6.2　计算公式

$$V = V_{梯梁} + V_{梯段} + V_{踏步} + V_{休息平台}$$

9.6.3 工程量计算实例

【例 9－4】 根据图 9－4 计算预制楼梯制作工程量。

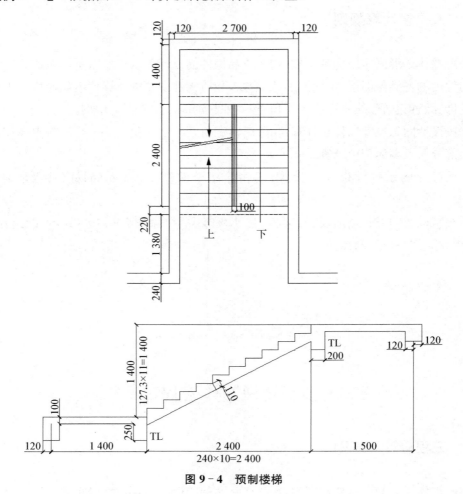

图 9－4 预制楼梯

楼梯混凝土工程量

$$V = V_{梯梁} + V_{梯段} + V_{踏步} + V_{休息平台}$$

$$V_{梯梁} = 0.2 \times 0.25 \times (2.7 + 0.24) \times 2 = 0.294 \ \text{m}^3$$

$$V_{梯段} = 0.11 \times \sqrt{2.4^2 + 1.4^2} \times \frac{1}{2} \times (2.7 - 0.24 - 0.1) = 0.361 \ \text{m}^3$$

$$V_{踏步} = \frac{1}{2} \times (0.24 \times 0.13) \times \frac{1}{2} \times (2.7 - 0.24 - 0.1) \times 10 = 0.184 \ \text{m}^3$$

$$V_{休息平台} = [(1.4 + 0.12) \times (2.7 + 0.24) + (1.5 + 0.12) \times (2.7 + 0.24)] \times 0.1$$
$$= 0.923 \text{ m}^3$$

$$V = 1.762 \text{ m}^3$$

9.7　预制其他构件工程量计算

其他构件的工程量计算规则主要包括以下几点。

（1）厨房排烟气道、住宅卫生间排气道均按设计图示规格以节计算。风帽按设计图示规格以个计算。

（2）各类检查井盖座安装按设计图示规格以套计算。

（3）预制零星构件（烟道、垃圾道、通风道）按设计图示尺寸以体积计算，不扣除构件内钢筋、预埋铁件及螺栓所占体积，不扣除单个 0.3 m×0.3 m 以内孔洞。

第10章
预制混凝土构件安装工程量计算

10.1　预制构件分类

某地区预算定额对预制构件的分类如表 10-1 所示。

表 10-1　预制构件分类

类　别	项　　目
Ⅰ	4 m 以内空心板、实心板
Ⅱ	6 m 以内的桩、屋面板、工业楼板、进深梁、基础梁、吊车梁、楼梯休息板、楼梯段、阳台板
Ⅲ	6 m 以上至 14 m 梁、板、柱、桩,各类屋架、桁架、托架(14 m 以上另行处理)
Ⅳ	天窗架、挡风架、侧板、端壁板、天窗上下挡、门框及单件体积在 0.1 m³ 以内小构件
Ⅴ	装配式内、外墙板、大楼板、厕所板
Ⅵ	隔墙板(高层用)

10.2　预制混凝土构件安装工程量计算规则

（1）构件安装工程量按成品构件设计图示尺寸的实体积以立方米（m³）计算,依附于构件制作的各类保温层、饰面层的体积并入相应构件安装中计算,不扣除构件内钢筋、预埋铁件、配管、套管、线盒及单个面积≤0.3 m² 的孔洞、线箱等所占体积,构件外露钢筋体积也不再增加。

（2）套筒注浆按设计数量以个计算。

（3）外墙嵌缝、打胶按构件外墙接缝的设计图示尺寸的长度以米（m）计算。

10.3　预制柱的安装

预制柱的安装工程量按成品构件柱工程量计算：以构件设计图示尺寸的实体体积以立方米计算。

【例 10 - 1】　例如，预制柱安装工程量为 17.18 m³ 时，应套用表 10 - 2 预算定额。

表 10 - 2　预制柱安装预算

工作内容：支撑杆连接件预埋，结合面清理，构件吊装、就位、校正、垫实、固定，座浆料铺筑，搭设及拆除钢支撑。　　　　　　　　　　　　　　　　　　　　　　　　　　　　　计量单位：10 m³

定　额　编　号		名　称	单位	1 - 1
项　　目				实　心　柱
名　　称			单位	消　耗　量
人工	合计工日		工日	9.340
	其中	普　工	工日	2.802
		一般技工	工日	5.604
		高级技工	工日	0.934
材料	预制混凝土柱		m³	10.050
	干混砌筑砂浆 DM M20		m³	0.080
	垫　　铁		kg	7.480
	垫　　木		m³	0.010
	斜支撑杆件 $\phi 48 \times 3.5$		套	0.340
	预埋铁件		kg	13.050
	其他材料费		%	0.600
机械	干混砂浆罐式搅拌机		台班	0.008

10.4　预制梁的安装

预制梁的安装分为预制混凝土单梁、预制混凝土叠合梁两种，梁的安装工程量按成品构件梁工程量计算：以构件设计图示尺寸的实体体积以立方米计算。预制混凝土单梁安装工程量：0.66 m³，套用表 10-3 定额。

【例 10-2】 例如，制混凝土单叠合梁安装工程量为 0.66 m³ 时，应套用表 10-3 预算定额。

表 10-3 预制梁安装预算

工作内容：结合面清理，构件吊装、就位、校正、垫实、固定，接头钢筋调直，搭设及拆除钢支撑。

计量单位：10 m³

定额编号			1-2	1-3
项 目			单 梁	叠 合 梁
名 称		单位	消 耗 量	
人工	合计工日	工日	12.730	16.530
	其中 普 工	工日	3.819	4.959
	一般技工	工日	7.638	9.918
	高级技工	工日	1.273	1.653
材料	预制混凝土单梁	m³	10.050	—
	预制混凝土叠合梁	m³	—	10.050
	垫 铁	kg	3.270	4.680
	松杂板枋材	m³	0.014	0.020
	立支撑杆件 $\phi48\times3.5$	套	1.040	1.490
	零星卡具	kg	9.360	13.380
	钢支撑及配件	kg	10.000	14.290
	其他材料费	%	0.600	0.600

10.5 预制板的安装

预制混凝土板的安装分为整体板和叠合板两种，板工程量按成品构件板工程量计算，均以构件设计图示尺寸的实体体积以立方米计算。

【例 10-3】 当预制混凝土整体板安装工程量为 3.42 m³ 时，应套用表 10-4 定额。

表 10 - 4　预制板安装预算

工作内容：结合面清理,构件吊装、就位、校正、垫实、固定,接头钢筋调直、焊接,搭设及拆除钢支撑。

计量单位：10 m³

定　额　编　号				1 - 4	1 - 5
项　　目				整　体　板	叠　合　板
名　　称			单位	消　耗　量	
人工	合计工日		工日	16.340	20.420
	其中	普　工	工日	4.902	6.126
		一般技工	工日	9.804	12.252
		高级技工	工日	1.634	2.042
预制混凝土整体板			m³	10.050	—
预制混凝土叠合板			m³	—	10.050

10.6　预制混凝土墙的安装

　　预制混凝土墙的安装分为实心剪力墙、夹心保温剪力墙、双叶叠合剪力墙、外墙面板、外墙挂板等,所有板的工程量按成品构件板工程量计算:以构件设计图示尺寸的实体体积以立方米计算,其中依附于板制作的各类保温层、饰面层的体积并入墙安装中计算。

　　套用定额时,根据不同类型墙体的厚度及安装位置进行分别套用(见表 10 - 5、表 10 - 6、表 10 - 7)。

　　【例 10 - 4】　当预制混凝土叠合板安装工程量为 3.42 m³ 时,应套用表 10 - 5 定额。

表 10 - 5　预制混凝土墙的安装预算(1)

工作内容：支撑杆连接件预埋,结合面清理,构件吊装、就位、校正、垫实、固定,接头钢筋调直、构件打磨、座浆料铺筑、填缝料填缝,搭设及拆除钢支撑。

计量单位：10 m³

定　额　编　号			1 - 6	1 - 7	1 - 8	1 - 9
项　　　目			实　心　剪　力　墙			
			外　墙　板		内　墙　板	
			墙厚(mm)			
			≤200	>200	≤200	>200
名　　称		单位	消　　耗　　量			
合计工日		工日	12.749	9.812	10.198	7.921
人工	普工	工日	3.825	2.971	3.059	2.376

表 10 - 6　预制混凝土墙的安装预算（2）

工作内容：支撑杆连接件预埋，结合面清理，构件吊装、就位、校正、垫实、固定，接头钢筋调直、构件打磨、座浆料铺筑、填缝料填缝，接缝处保温板填充，搭设及拆除钢支撑。　　　　　计量单位：10 m³

定　额　编　号		1 - 10	1 - 11	1 - 12	1 - 13
项　　目		夹心保温剪力墙外墙板		双叶叠合剪力墙	
		墙厚（mm）		外墙板	内墙板
		≤300	>300		
名　　称	单　位	消　　耗　　量			
合计工日	工　日	10.370	9.427	17.583	14.387

表 10 - 7　预制混凝土墙的安装预算（3）

工作内容：支撑杆连接件预埋，结合面清理，构件吊装、就位、校正、垫实、固定，接头钢筋调直、构件打磨、座浆料铺筑、填缝料填缝，接缝处保温板填充，搭设及拆除钢支撑。　　　　　计量单位：10 m³

定　额　编　号		1 - 14	1 - 15	1 - 16
项　　目		外墙面板（PCF 板）	外挂墙板	
			墙厚（mm）	
			≤200	>200
名　　称	单　位	消　　耗　　量		

10.7　预制楼梯的安装

　　预制混凝土楼梯的安装根据直行梯段安装时支座受力方式的不同，划分为简支安装和固支安装，工程量按成品构件梯段的工程量计算：以构件设计图示尺寸的实体体积以立方米计算（见表 10 - 8）。

　　预制混凝土楼梯安装工程量：9.46 m³，按支座方式不同套用定额。

10.8　预制其他构件的安装

　　预制其他构件的安装主要包括预制混凝土阳台（叠合板式阳台、全预制式阳台）、凸（飘）窗、空调板、女儿墙及压顶，其安装工程量计算均按成品构件的工程量计算：以构件设计图示尺寸的实体体积以立方米计算，并套用相应定额（见表 10 - 9、表 10 - 10）。

表 10-8　预制楼梯安装

工作内容：结合面清理，构件吊装、就位、校正、垫实、固定，接头钢筋调直、焊接，灌缝、嵌缝，搭设及拆除
钢支撑。　　　　　　　　　　　　　　　　　　　　　　　　　　　　　计量单位：10 m³

定　额　编　号			1-17	1-18
项　　目			直　行　梯　段	
			简　支	固　支
名　称		单　位	消　耗　量	
人工	合计工日	工日	15.540	16.880
	其中 普　工	工日	4.662	5.064
	一般技工	工日	9.324	10.128
	高级技工	工日	1.554	1.688
预制混凝土楼梯		m³	10.050	10.050
低合金钢焊条 E43 系列		kg	—	1.310

表 10-9　预制其他构件的安装(1)

工作内容：支撑杆连接件预埋，结合面清理，构件吊装、就位、校正、垫实、固定，接头钢筋调直、焊接，构件
打磨、座浆料铺筑、填缝料填缝，搭设及拆除钢支撑。　　　　　　　　　计量单位：10 m³

定　额　编　号			1-19	1-20	1-21	1-22
项　　目			叠合板式阳台	全预制式阳台	凸(飘)窗	空调板
名　称		单位	消　耗　量			
人工	合计工日	工日	21.700	17.250	18.320	23.870
	其中 普　工	工日	6.510	5.175	5.496	7.161
	一般技工	工日	13.020	10.350	10.992	14.322
	高级技工	工日	2.170	1.725	1.832	2.387
预制混凝土阳台板		m³	10.050	10.050	—	—
预制混凝土凸窗		m³	—	—	10.050	—
预制混凝土空调板		m³	—	—	—	10.050

表 10-10　预制其他构件的安装(2)

工作内容:支撑杆连接件预埋,结合面清理,构件吊装、就位、校正、垫实、固定,接头钢筋调直、焊接、构件打磨、座浆料铺筑、填缝料填缝,搭设及拆除钢支撑。　　　　　　　　　　计量单位:10 m³

定　额　编　号			1-23	1-24	1-25
项　　目			女儿墙		压　顶
			墙高(mm)		
			≤600	≤1 400	
名　　称		单位	消　耗　量		
人工	合计工日	工日	20.499	15.282	19.660
	其中 普工	工日	6.150	4.585	5.898
	一般技工	工日	12.299	9.169	11.796
	高级技工	工日	2.050	1.528	1.966
预制混凝土女儿墙		m³	10.050	10.050	—
预制混凝土压顶		m³	—	—	10.050
垫　　铁		kg	19.975	7.434	27.257

10.9　套　筒　注　浆

对于需要进行套筒注浆的部位,不分部位、方向,按锚入套筒内的钢筋以直径 $\phi18$ 进行定额划分,以个数计算(见表 10-11)。

表 10-11　套筒注浆工程量计算

工作内容:结合面清理、注浆料搅拌、注浆、养护、现场清理。　　　　　　　　　　计量单位:10 个

定　额　编　号			1-26	1-27
项　　目			套　筒　注　浆	
			钢　筋　直　径　(mm)	
			≤$\phi18$	>$\phi18$
名　　称		单位	消　耗　量	
人工	合计工日	工日	0.220	0.240
	其中 普　工	工日	0.066	0.072
	一般技工	工日	0.132	0.144
	高级技工	工日	0.022	0.024

续表

	名称	单位		
材料	灌浆料	kg	5.630	9.470
	水	m³	0.560	0.950
	其他材料费		3.000	3.000

10.10　嵌缝、打胶

外墙嵌缝、打胶定额中注胶缝的工程量以长度计算(见表 10‑12)。

表 10‑12　嵌缝、打胶工程量计算

工作内容:清理缝道、剪裁、固定、注胶、现场清理。　　　　　　　　计量单位:100 m

定　额　编　号				1‑28
项　　目				嵌缝、打胶
名　　称			单　位	消　耗　量
人工	合计工日		工日	6.587
	其中	普　工	工日	1.976
		一般技工	工日	3.952
		高级技工	工日	0.659
材料	泡沫条 $\phi25$		m	102.000
	双面胶纸		m	204.000
	耐候胶		L	31.500
	其他材料费		%	3.000

第11章

装配式混凝土建筑后浇段工程量计算

11.1 混凝土工程量计算

后浇混凝土浇捣工程量按设计图示尺寸以实际体积计算,不扣除混凝土内钢筋、预埋件及单个面积小于 0.3 m² 的孔洞所占的体积。后浇混凝土的体积计算主要包括连接墙、连接柱的后浇段,叠合剪力墙、叠合梁、叠合板的后浇段,梁、柱的接头部分;剪力键(槽)的混凝土体积不计算在内;计算工程量小数点后保留 3 位有效数字。

本节以装配式实心剪力墙后结构浇段为例讲解后浇段混凝土体积的计算,以下实心剪力墙均表述为预制墙。预制墙的接头有很多种类,主要包括预制墙的竖向接缝构造,预制墙的水平接缝构造,连梁及楼面梁与预制墙的连接构造。连接墙、柱的接缝相对比较规整,截面以矩形为主,组合面通常存在于拐角处,后浇混凝土的工程量计算较简单。对于以上三种接头类型分别举例进行后浇混凝土工程量的计算讲解。

11.1.1 预制墙的竖向接缝混凝土工程量计算

后浇混凝土体积以实体计算,不扣除混凝土内钢筋、预埋件及单个面积小于 0.3 m² 的孔洞所占的体积。竖向接缝无孔洞,且规整,不考虑剪力键混凝土的体积,后浇混凝土体积计算公式为:墙厚×接缝宽度×接缝上下标高高差,见公式(11-1)。

后浇混凝土的体积为:

$$V = b_w \times l_E \times \Delta h_V \qquad (11-1)$$

式中:b_w——预制墙厚度(m);

l_E——接缝宽度(m);

Δh_V——竖向接缝上下标高高差(m)。

【例 11-1】　剪力墙厚 200 mm,抗震等级为 3 级,混凝土强度等级为 C35,剪力墙接头的标高范围为±0.000～4.200 m,预制剪力墙的竖向接缝详图如图 11-1 所示。计算该竖向接缝的后浇混凝土体积。

解: 根据计算公式得

$$V = b_w \times l_E \times \Delta h_V$$
$$= 0.2 \times 0.4 \times (4.200 - 0.000)$$
$$= 0.336 \text{ m}^3$$

故该接竖向缝分后浇混凝土体积为 0.336 m³。

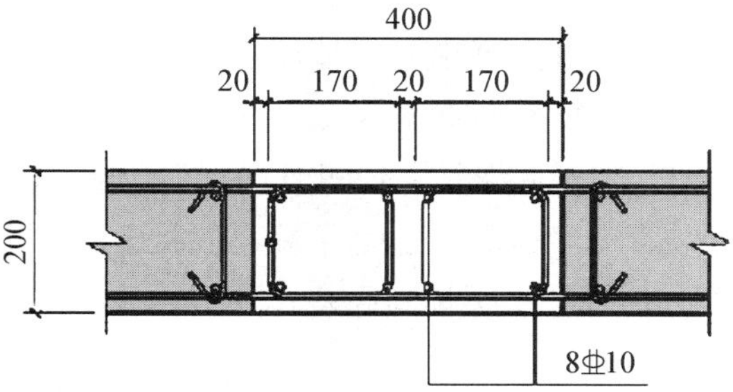

当接缝无孔洞,且规整,当墙厚相同时,后浇混凝土体积计算公式为:墙厚×接缝中线长×接缝上下标高高差,见式(11-2)。当墙厚不相同时,应当对接头进行体积分割计算见式(11-3)。

$$V = b_w \times l_{中} \times \Delta h_V \tag{11-2}$$

$$V = \sum_{i=1}^{n} V_i = V_1 + V_2 + \cdots + V_n \tag{11-3}$$

式中:b_w——预制墙厚度(m);

　　　$l_{中}$——接缝中线长度(m);

　　　Δh_V——竖向接缝上下标高高差(m);

　　　V_i——被分割的小块的接缝混凝土的体积。

【例 11-2】　剪力墙厚 200 mm,抗震等级为 3 级,混凝土强度等级为 C35,剪力墙在转角墙处的竖向接缝详图如图 11-2 所示,剪力墙接头的标高范围为±0.000～4.200 m,计算该竖向接缝的后浇混凝土体积。

解: $V = b_w \times l_{中} \times \Delta h_V$
$$= 0.2 \times (0.4 - 0.1)$$
$$+ (0.4 - 0.1)$$
$$\times (4.200 - 0.000)$$
$$= 0.504 \text{ m}^3$$

或　$V = V_1 + V_2$
$$= 0.2 \times (0.4 + 0.2) \times (4.200 - 0.000)$$
$$= 0.504 \text{ m}^3$$

故该接竖向缝分后浇混凝土体积为 0.504 m³。

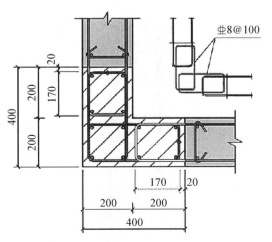

图 11-1　预制剪力墙的竖向接缝详图

图 11-2　剪力墙在转角墙处的竖向接缝详图

11.1.2 预制墙的水平接缝混凝土工程量计算

接缝上下预制剪力墙厚度相同时(见图 11-3),水平后浇混凝土的体积计算公式:墙厚×接缝上下墙宽×后浇段标高高差;若接缝上下预制墙的厚度发生变化时(见图 11-4),后浇混凝土的厚度为上下预制墙墙厚的大值;当后浇段位于顶层时(见图 11-5),后浇段的墙厚无变化,水平后浇混凝土的体积计算公式:墙厚(墙厚的大值)×接缝上下墙宽×后较段上下标高高差,即

$$V = b_w \times l_w \times \Delta h_H \tag{11-4}$$

式中:b_w——接缝上下预制墙厚度的大值(m),若相等则取墙厚;

l_w——预制墙的宽度(m);

Δh_H——水平接缝上下标高高差(m)。

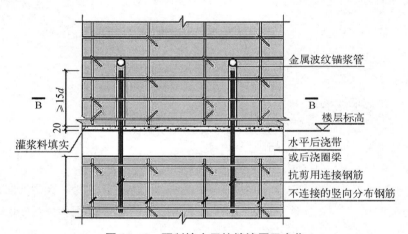

图 11-3 预制墙水平接缝墙厚无变化

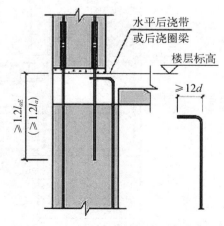

图 11-4 预制墙水平接缝墙厚有变化

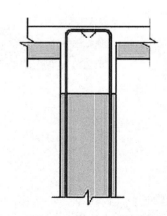

图 11-5 预制墙水平接缝墙位于顶

【例 11 - 3】　剪力墙厚 200 mm，接缝上下墙厚相同，预制墙的宽度为 2 700 mm，抗震等级为 3 级，混凝土强度等级为 C35，剪力墙在转角墙处的竖向接缝详图如图 11 - 6 所示，剪力墙接头的标高范围为 4.000～4.200 m，计算该水平接缝的后浇混凝土体积。

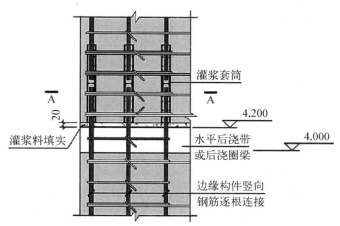

图 11 - 6　预制墙边缘构件的水平接缝构造大样（套筒灌浆连接）

解：剪力墙的水平接缝较为规整，且上下墙厚相同，因此后浇混凝土的体积计算公式为

$$V = b_w \times l_w \times \Delta h_H = 0.200 \times 2.700 \times (4.200 - 4.000) = 0.108 \text{ m}^3$$

故该接竖向缝后浇混凝土体积为 0.108 m³。

11.1.3　预制梁与预制墙的连接混凝土工程量计算

预制梁（或现浇梁）与预制墙的连接（见图 11 - 7），后浇混凝土的体积的计算主要包括两个部分，水平后浇圈梁的体积和预制墙的缺口部分。

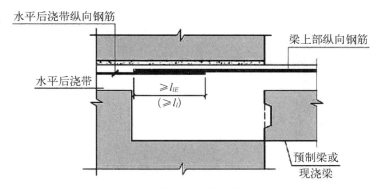

图 11 - 7　预制梁与缺口墙的接缝构造大样

后浇混凝土的体积计算如下：

$$V = V_1 + V_2 \qquad (11-5)$$

$$V_1 = b \times \Delta h \times l;\ V_2 = b_w \times h'_w \times l'_w$$

式中：V_1——水平后浇圈梁(带)的体积；

$\quad b$——水平后浇圈梁(带)的宽度；

$\quad \Delta h$——水平后浇圈梁(带)的高度，即水平后浇圈梁(带)的标高高差；

$\quad l$——水平后浇圈梁(带)的长度；

$\quad V_2$——预制墙缺口的混凝土体积；

$\quad b_w$——预制墙缺口的厚度；

$\quad h'_w$——预制墙缺口的高度；

$\quad l'_w$——预制墙缺口的长度。

【例 11-4】 已知预制梁与缺口墙的接缝构造详图如图 11-8 所示，剪力墙的墙厚为 200 mm，缺口墙的尺寸为 600 mm×300 mm，后浇圈梁的截面为 300 mm×300 mm，后浇圈梁的长度为 1 200 mm。计算后浇段的混凝土体积。

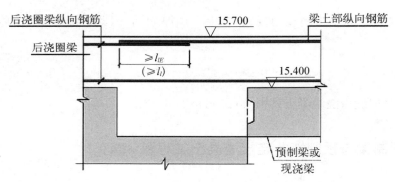

图 11-8　预制梁与缺口墙的接缝构造详图

解： 预制梁与缺口的接缝混凝土的体积主要由两部分构成。

$$V = V_1 + V_2 = 0.3 \times 0.3 \times 1.2 + 0.6 \times 0.3 \times 0.2 = 0.144\ \text{m}^3$$

故此接缝的混凝土后浇段体积为 0.144 m³。

11.2　钢筋工程量计算

装配式结构后浇段的钢筋主要是节点处的钢筋，本节主要以剪力墙结构为例讲解后浇段钢筋工程量的计算。剪力墙接缝主要包括预制墙的竖向接缝，预制墙的水平接缝,连梁及楼面梁与预制墙的连接,各种接缝的钢筋构造要求在图集中都有具体的说明。

剪力墙接缝需要计算的钢筋称为附加钢筋,包括箍筋、竖向受力筋和水平向受力筋。附加钢筋主要由设计说明,且要满足配箍率及配筋率的要求。后浇混凝土钢筋工程量按设计图示钢筋的长度、数量乘以钢筋单位理论质量计算,圆钢每米重量＝$0.006\ 17\times d^2$。

钢筋接头的数量应按设计图示及规范要求计算,设计图示及规范要求未标明的,$\phi10$以内的长钢筋按每 12 m 一个接头计算,$\phi10$ 以上的长钢筋按每 9 m 一个接头计算;钢筋接头的搭接长度应按设计图示及规范要求计算,如设计要求钢筋采用机械连接、电闸压力焊及气压焊时,按数量计算,不再计算该处的钢筋搭接长度;钢筋工程量应包括双层及多层钢筋的铁马的数量,不包括预制构件外露钢筋的数量。

11.2.1　受力筋及箍筋的构造要求

受拉钢筋的基本锚固长度如表 11-1 所示。受拉钢筋的基本锚固长度根据结构的抗震等级、钢筋的种类及混凝土的强度等级进行查找,不同的锚固条件下需选用不同的修正系数。

表 11-1　受拉钢筋基本锚固长度 l_{ab}、l_{abE}

钢筋种类	抗震等级	混凝土强度等级							
		C25	C30	C35	C40	C45	C50	C55	＞C60
HPB300	一、二级	39d	35d	32d	29d	28d	26d	25d	24d
	三级	36d	32d	29d	26d	25d	24d	23d	22d
	四级、非抗震	34d	30d	28d	25d	24d	23d	22d	21d
HRB335 HRBF335	一、二级	38d	33d	31d	29d	26d	25d	24d	24d
	三级	35d	31d	28d	26d	24d	23d	22d	22d
	四级、非抗震	33d	29d	27d	25d	23d	22d	21d	21d
HRB400 HRBF400 RRB400	一、二级	46d	40d	37d	33d	32d	31d	30d	29d
	三级	42d	37d	34d	30d	29d	28d	27d	26d
	四级、非抗震	40d	35d	32d	29d	28d	27d	26d	25d
HRB500 HRBF500	一、二级	55d	49d	45d	41d	39d	37d	36d	35d
	三级	50d	45d	41d	38d	36d	34d	33d	32d
	四级、非抗震	48d	43d	39d	36d	34d	32d	31d	30d

箍筋及拉筋弯钩构造如图 11-9 所示;纵向钢筋末端弯钩锚固与机械锚固如图 11-10 所示。

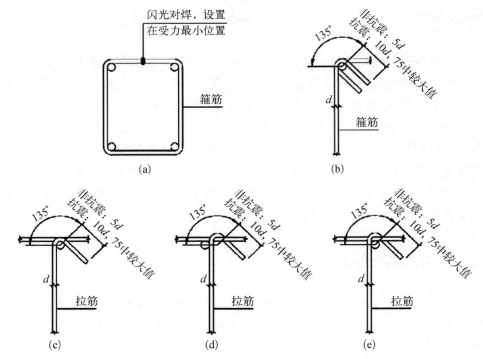

图 11-9 箍筋及拉筋弯钩构造

(a) 焊接封闭箍筋（工厂加工）　(b) 箍筋弯钩　(c) 拉筋紧靠箍筋并勾住纵筋
(d) 拉筋紧靠箍筋并勾住纵筋　(e) 拉筋同时勾住纵筋和箍筋

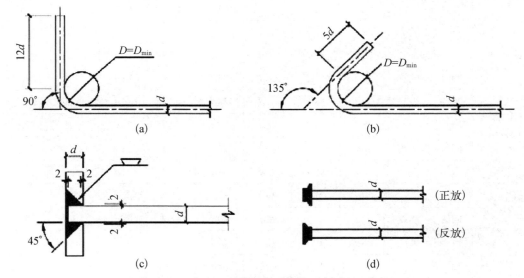

图 11-10 纵向钢筋末端弯钩锚固与机械锚固

(a) 末端带 90°弯钩　(b) 末端带 135°弯钩　(c) 末端穿孔塞焊锚板　(d) 末端带螺栓锚板

注：非抗震设计时，当构件受扭或柱中纵向受力筋的配筋率大于 3%，箍筋及拉筋弯钩平直段长度
应为 10d。

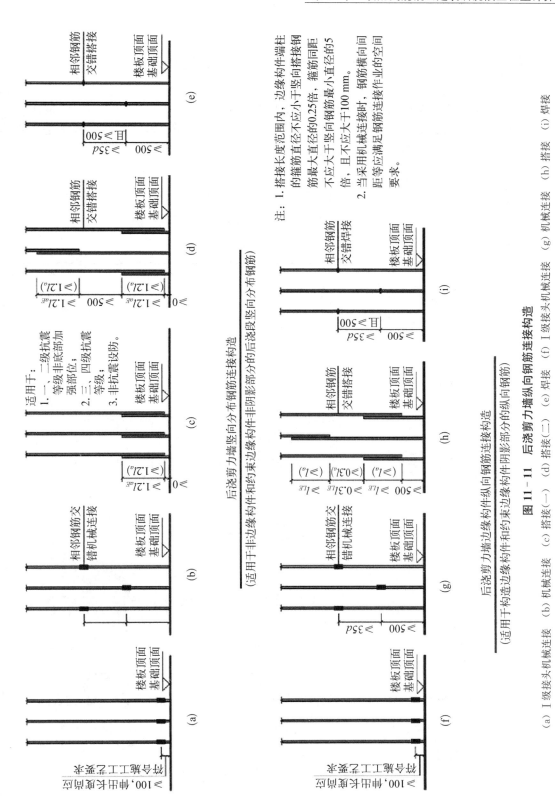

图 11-11　后浇剪力墙纵向钢筋连接构造

(a) I 级接头机械连接　(b) 机械连接　(c) 搭接(一)　(d) 搭接(二)　(e) 焊接　(f) I 级接头机械连接　(g) 机械连接　(h) 搭接　(i) 焊接

拉筋弯钩构造做法应有设计指定。

当纵向受拉普通钢筋末端采用弯钩或机械锚固时,包括弯钩锚固端头在内的锚固长度可取基本锚固长度的60%。

箍筋弯折处的弯弧内径应符合图集第14页的要求,且不应小于所钩住纵筋的直径。箍筋弯折处纵向钢筋为搭接钢筋或并筋时,应按钢筋实际排布情况确定箍筋弯弧内径。

焊缝和螺纹长度应满足承载力的要求,螺栓锚头的规格应符合相关标准的要求。螺栓锚板和焊接锚板的承压面积不应小于锚固钢筋截面面积的4倍。

钢筋的连接包含机械连接、搭接和焊接三种方式,其中非边缘构件和边缘构件的钢筋连接要求不同,具体要求如图11-11所示,后浇段的代号如表11-2所示。

表11-2 后浇段编号

后 浇 段 类 型	代 号	序 号
约束边缘构件后浇段	YHJ	××
构造边缘构件后浇段	GHJ	××
非边缘构件后浇段	AHJ	××

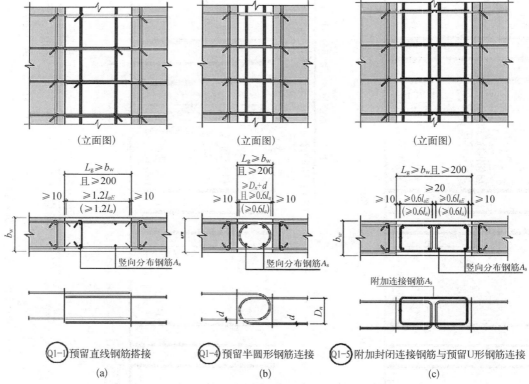

图11-12 非边缘构件部分的预制墙之间的连接构造
(a)(b)无附加连接钢筋 (c)有附加连接钢筋

　　非边缘构件的竖向后浇段的钢筋连接分为有附加连接钢筋和无附加连接钢筋两类（见图 11-12）。无附加分布筋的主要计算竖向分布筋及箍筋和拉筋的工程量,有附加钢筋的还要包括附加受力筋的钢筋工程量。

11.2.2　剪力墙后浇段钢筋工程量计算实例

【例 11-5】　某工程为装配式剪力墙结构,抗震等级为三级,环境类别为二 b,剪力墙墙厚 200 mm,剪力墙的后浇段的配筋如表 11-3 所示,其中 4 层～21 层的层高均为 2.8 m,22 层的层高为 3.0 m,共计 50.5 m。约束边缘构件在 4 层以下,4 层以上不设置约束边缘构件。钢筋接头采用搭接连接,试分别计算后浇段 AHJ1,GHJ1,GHJ3 的钢筋工程量。

表 11-3　某工程剪力墙的后浇段的配筋

截　面			
编　号	AHJ1	GHJ1	GHJ3
标　高	8.300～58.800	8.300～58.800	8.300～58.800
纵　筋	8⊈8	12⊈12	10⊈12
箍　筋	⊈8@200	⊈8@200	⊈8@200

　　解:AHJ1 属于非边缘后浇段,GHJ1、GHJ3 属于构造边缘后浇段,搭接方式采用搭接连接,钢筋搭接接头如图 10-13 所示。计算标高8.300～58.000,钢筋工程量采用分层计算。由于 4～21 层的钢筋布置相同且层高相同,4～21 层以 4 层为例,22 层单算,计算如表 11-4、表 11-5、表 11-6 所示;钢筋单位理论质量如表 11-7 所示。

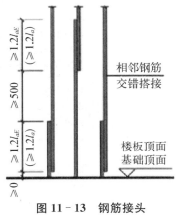

图 11-13　钢筋接头

表 11－4　AHJ1 钢筋工程量计算

后浇带编号	AHJ1
基本参数	混凝土保护层厚度取 25 mm 竖向受力钢筋的伸出楼板顶面高度为 $1.2l_{aE} = 1.2 \times 37d = 1.2 \times 37 \times 8 = 355.2$ mm，取 360 mm 钢筋相邻交错搭接的间距取 500 mm，顶层的纵筋的锚固长度为 12d，钢筋的错开搭接的数量各占一半 箍筋为双肢箍，箍筋的弯头长度为 max(75 mm，10d) ＝ 80 mm
竖向受力筋	4～21 层 钢筋 1：2 800＋360 ＝ 3 160 mm 钢筋 2：2 800－360－500＋360×2＋500 ＝ 3 160 mm 钢筋 1 和 2 总长：3 160×8×17 ＝ 429 760 mm ＝ 429.76 m 22 层 钢筋 1：3000－360－25＋12×8 ＝ 2 711 mm 钢筋 2：3 000－360－500－25＋12×8 ＝ 2 211 mm 钢筋 1 和 2 总长：2 711×4＋2 211×4 ＝ 19 688 mm ＝ 19.688 m
箍　　筋	每根箍筋长度：（200＋500）×2－4×25＋2×80＋1.9×8×2 ＝ 1 490.4 mm 4～21 每层箍筋根数：2 800÷200 ＝ 14 根，22 层箍筋根数 15 根，总根数 253 箍筋总长：253×1 490.4 ＝ 377.071 m
拉　　筋	每根拉筋的长度：200－25×2＋80×2＋1.9×8 ＝ 325.2 mm 4～21 层每层拉筋的根数为：2 800÷200×2 ＝ 28 根，22 层箍筋根数 30 根，总根数 506 拉筋总长：506×325.2 ＝ 164.551 m
钢筋总质量	钢筋总长 994.07 m，总质量 994.07×0.001 67×8² ＝ 106.246 kg

表 11－5　GHJ1 钢筋工程量计算表

后浇带编号	GHJ1
基本参数	混凝土保护层厚度取 25 mm 竖向受力钢筋的伸出楼板顶面高度为 $1.2l_{aE} = 1.2 \times 37d = 1.2 \times 37 \times 12 = 532.8$ mm，取 550 mm 钢筋相邻交错搭接的间距取 500 mm，顶层的纵筋的锚固长度为 12d，钢筋的错开搭接的数量各占一半 箍筋为双肢箍，箍筋的弯头长度为 max(75 mm，10d) ＝ 120 mm
竖向受力筋	4～21 层 钢筋 1：2 800＋550 ＝ 3 350 mm 钢筋 2：2 800－550－500＋550×2＋500 ＝ 3 350 mm 钢筋 1 和 2 总长：3 350×12×17 ＝ 683 400 mm ＝ 683.400 m 22 层 钢筋 1：3 000－550－25＋12×12 ＝ 2 569 mm 钢筋 2：3 000－550－500－25＋12×12 ＝ 2 069 mm 钢筋 1 和 2 总长：2 569×6＋2 069×6 ＝ 27 828 mm ＝ 27.828 m

后浇带编号	GHJ1
箍　　筋	每根箍筋长度：$(200+500)\times2-4\times25+2\times80+1.9\times8\times2=1\,490.4$ mm $4\sim21$ 每层箍筋根数：$2\,800\div200\times2=28$ 根，22 层箍筋根数 30 根，总根数 506 箍筋总长：$506\times1\,490.4=754.142$ m
拉　　筋	每根拉筋的长度：$200-25\times2+80\times2+1.9\times8=325.2$ mm $4\sim21$ 层每层拉筋的根数为：$2\,800\div200\times2=28$ 根，22 层箍筋根数 30 根，总根数 506 拉筋总长：$506\times325.2=164.551$ m
钢筋总质量	总质量 $(683.4+27.828)\times0.001\,67\times12^2+(754.142+106.246)\times0.001\,67\times8^2=262.994$ kg

表 11-6　GHJ3 钢筋工程量计算

后浇带编号	GHJ3
基本参数	混凝土保护层厚度取 25 mm 竖向受力钢筋的伸出楼板顶面高度为 $1.2l_{aE}=1.2\times37\mathrm{d}=1.2\times37\times12=532.8$ mm，取 550 mm 钢筋相邻交错搭接的间距取 500 mm，顶层的纵筋的锚固长度为 12d 箍筋为双肢箍，箍筋的弯头长度为 $\max(75\text{ mm}, 10\mathrm{d})=120$ mm
竖向受力筋	$4\sim21$ 层 钢筋 1：$2\,800+550=3\,350$ mm 钢筋 2：$2\,800-550-500+550\times2+500=3\,350$ mm 钢筋 1 和 2 总长：$3\,350\times10\times17=569\,500$ mm $=569.500$ m 22 层 钢筋 1：$3\,000-550-25+12\times12=2\,569$ mm 钢筋 2：$3\,000-550-500-25+12\times12=2\,069$ mm 钢筋 1 和 2 总长：$2\,569\times5+2\,069\times5=23\,190$ mm $=23.190$ m
箍　　筋	每根箍筋长度：$(200+700)\times2-4\times25+2\times120+1.9\times12\times2=1\,985.6$ mm 箍筋总根数：253 根 箍筋总长：$253\times1\,985.6=502.357$ m
拉　　筋	每根拉筋的长度：$200-25\times2+80\times2+1.9\times8=325.2$ mm $4\sim21$ 层每层拉筋的根数为：$2\,800\div200\times2=28$ 根，22 层箍筋根数 30 根，总根数 506 拉筋总长：$506\times325.2=164.551$ m
钢筋总质量	$(569.5+23.190)\times0.001\,67\times12^2+(502.357+164.551)\times0.001\,67\times8^2=213.809$ kg

表 11-7　钢筋单位理论质量(部分)

圆钢直径 d(型号)	理论重量/(kg/m)	圆钢直径 d(型号)	理论重量/(kg/m)
5.5	0.186	6.5	0.26
6	0.222	7	0.302

圆钢直径 d（型号）	理论重量/（kg/m）	圆钢直径 d（型号）	理论重量/（kg/m）
8	0.395	15	1.39
9	0.499	16	1.58
10	0.617	17	1.78
＊11	0.746	18	2
12	0.888	19	2.23
13	1.04	20	2.47
14	1.21	21	2.72

11.3　后浇段模板工程量计算

　　装配式混凝土结构的后浇段模板采用的是钢模板，计算规则：后浇混凝土模板工程量按后浇混凝土与模板接触面的面积以 m^2 计算，伸出后浇混凝土与预制构件抱合的部分的模板面积不增加计算。不扣除单孔面积小于 0.3 m^2 的孔洞，洞侧壁模板亦不增加，应扣除单孔面积大于 0.3 m^2 的孔洞，孔洞侧壁模板面积应并入相应的墙、板模板工程量内计算。

　　本节以实心剪力墙结构后浇段的模板工程为计算实例讲解后浇段模板工程量的计算。在实际工程中，预制墙的竖向接缝和水平向接缝是分开施工的，不存在接缝重合的部分，因此模板工程量可分别进行计算。

11.3.1　预制墙的竖向接缝模板工程量计算

　　竖向接缝无孔洞，且规整，伸出后浇混凝土与预制构件抱合的部分的模板面积不增加计算，竖向接缝后浇段模板工程量的计算公式为竖向接缝水平剖面外露周长×接缝上下标高高差，即

$$S_{后} = L_{总} \times \Delta h_{V} \tag{11-6}$$

式中：$S_{后}$——后浇混凝土模板面积（m^2）；

　　　$L_{总}$——竖向接缝水平剖面外露周长（m）；

　　　Δh_{V}——竖向接缝上下标高高差（m）。

　　【例 11-6】　某工程为装配式剪力墙结构，抗震等级为三级，环境类别为二 b，剪力墙

墙厚 200 mm,剪力墙的后浇段的配筋如表 11－8 所示,试分别计算后浇段 GBZ1,GBZ7 的钢筋工程量。

表 11－8　剪力墙的后浇段的配筋表

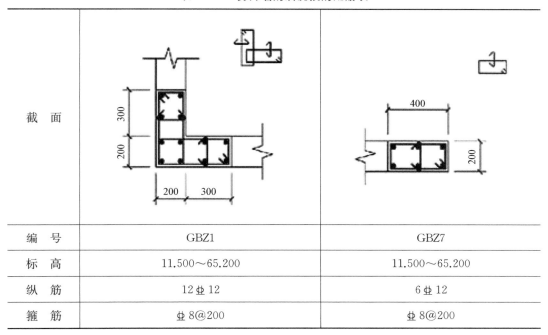

编　号	GBZ1	GBZ7
标　高	11.500～65.200	11.500～65.200
纵　筋	12 ⊈ 12	6 ⊈ 12
箍　筋	⊈ 8@200	⊈ 8@200

解: 模板工程计算如表 11－9 所示。

表 11－9　模板工程量计算

后浇段编号	模板工程量计算
GBZ1	$(0.5＋0.5＋0.3＋0.3)×(65.2－11.5)＝85.92 \ \mathrm{m}^2$
GBZ7	$(0.4＋0.2＋0.4)×(65.2－11.5)＝53.7 \ \mathrm{m}^2$

11.3.2　预制墙的水平接缝模板工程量计算

预制墙水平接缝模板面积主要为后浇混凝土竖向外露的面积,相同宽度的预制墙进行连接使,水平后浇模板面积的计算公式:墙宽×后浇段标高高差,即

$$S_后＝l_\mathrm{w}×\Delta h_\mathrm{H} \tag{11-7}$$

式中:$S_后$——后浇混凝土模板面积(m^2);

　　　L_w——预制墙墙宽(m);

　　　Δh_H——水平接缝上下标高高差(m)。

【例 11 - 7】 剪力墙厚 200 mm,接缝上下墙厚相同,预制墙的宽度为 2 700 mm,抗震等级为三级,混凝土强度等级为 C35,剪力墙在转角墙处的竖向接缝详图如图 11 - 6 所示,剪力墙接头的标高范围为 4.000~4.200 m,计算该水平接缝的模板工程量。

解: 该水平接缝的模板工程量为

$$S_后 = l_w \times \Delta h_H = 2.7 \times 0.2 = 0.54 \text{ m}^2$$

第12章
装配式混凝土建筑工程量清单报价实例

根据某小区住宅装配式建筑施工图(见附录)、某地区消耗量定额、材料市场价、各项费率,计算该项目装配式部分建筑工程造价。

12.1 装配式混凝土建筑工程量计算

根据施工图纸和房屋建筑与装饰工程工程量计算规范(GB50854—2013),以四层 PC 构件为例的分部分项清单项目及计算工程量如表 12-1 所示。

表 12-1 分部分项工程量计算分析表

序号	项目编码	项目名称	计算		工程量	计量单位
			部 位	计 算 式		
1	010509001001	预制柱 PC 构件安装	PCGBZ1	$0.8 \times 0.25 \times 3.05 \times 2 = 1.22$	1.22	m³
2	010510001001	预制叠合梁 PC 构件安装	PCL1L(C)	$0.2 \times 0.41 \times 2.41 = 0.20$	0.66	m³
			PCL1R(C)	$0.2 \times 0.41 \times 2.41 = 0.20$		
			PCL2L(C)	$0.2 \times 0.41 \times 1.61 = 0.13$		
			PCL2R(C)	$0.2 \times 0.41 \times 1.61 = 0.13$		
			$\sum$	$0.2 + 0.2 + 0.13 + 0.13 = 0.66$		
3	010512001001	预制叠合板 PC 构件安装	PCB1L(C)	$2.82 \times 3.36 \times 0.06 = 0.57$	4.12	m³
			PCB1R(C)	$2.82 \times 3.36 \times 0.06 = 0.57$		
			PCB2L(C)	$3.32 \times 3.52 \times 0.06 = 0.70$		
			PCB2R(C)	$3.32 \times 3.52 \times 0.06 = 0.70$		
			PCB3L(C)	$2.82 \times 3.36 \times 0.06 = 0.44$		

续表

序号	项目编码	项目名称	计 算		工程量	计量单位
			部 位	计 算 式		
3	010512001001	预制叠合板PC构件安装	PCB3R(C)	$2.82 \times 3.36 \times 0.06 = 0.44$	4.12	m³
			PCB4L(C)	$(2.02 \times 3.02 - 0.26 \times 0.36 - 0.51 \times 0.36) \times 0.06 = 0.35$		
			PCB4R(C)	$(2.02 \times 3.02 - 0.26 \times 0.36 - 0.51 \times 0.36) \times 0.06 = 0.35$		
			$\sum$	$0.57 + 0.57 + 0.70 + 0.70 + 0.44 + 0.44 + 0.35 + 0.35 = 4.12$		
4	010513001001	预制楼梯PC构件安装	PCLTL(C)	$0.211 \times 0.3 \times 1.26 + 0.08 \times 0.23 \times 0.15 + 0.23 \times 0.3 \times 1.18 + (2.707 \times 0.12 + 0.5 \times 0.169 \times 0.26 \times 8) \times 1.18 = 0.75$	1.50	m³
			PCLTR(C)	$0.211 \times 0.3 \times 1.26 + 0.08 \times 0.23 \times 0.15 + 0.23 \times 0.3 \times 1.18 + (2.707 \times 0.12 + 0.5 \times 0.169 \times 0.26 \times 8) \times 1.18 = 0.75$		
			$\sum$	$0.75 + 0.75 = 1.50$		
5	010514002001	预制内墙板PC构件安装	PCQ9L(C)	$(0.8 \times 0.3 + 0.55 \times 0.2) \times 2.53 = 0.89$	1.78	m³
			PCQ9R(C)	$(0.8 \times 0.3 + 0.55 \times 0.2) \times 2.53 = 0.89$		
			$\sum$	$0.89 + 0.89 = 1.78$		
6	010514002002	预制外墙板PC构件安装	PCQ1L(C)	$1.3 \times 2.89 \times 0.2 = 0.75$	11.36	m³
			PCQ1R(C)	$1.3 \times 2.89 \times 0.2 = 0.75$		
			PCQ2L(C)	$1.3 \times 2.89 \times 0.2 = 0.75$		
			PCQ2R(C)	$1.3 \times 2.89 \times 0.2 = 0.75$　其中：套筒注浆5个		
			PCQ3L(C)	$1.8 \times 2.68 \times 0.2 = 0.96$		
			PCQ3R(C)	$1.8 \times 2.68 \times 0.2 = 0.96$		
			PCQ4L(C)	$(1.9 \times 2.64 - 0.8 \times 1.4 - 0.3 \times 0.06) \times 0.2 = 0.78$		
			PCQ4R(C)	$(1.9 \times 2.64 - 0.8 \times 1.4 - 0.3 \times 0.06) \times 0.2 = 0.78$		
			PCQ5L(C)	$1.7 \times 2.41 \times 0.2 = 0.82$		

续表

序号	项目编码	项目名称	计算		工程量	计量单位
			部位	计算式		
6	010514002002	预制外墙板PC 构件安装	PCQ5R(C)	$1.7 \times 2.41 \times 0.2 = 0.82$	11.36	m³
			PCQ6L(C)	$0.9 \times 2.88 \times 0.2 = 0.52$		
			PCQ6R(C)	$0.9 \times 2.88 \times 0.2 = 0.52$		
			PCQ7L(C)	$(2.4 \times 2.48 - 1.2 \times 1.5) \times 0.2 = 0.83$		
			PCQ7R(C)	$(2.4 \times 2.48 - 1.2 \times 1.5) \times 0.2 = 0.83$		
			PCQ8(C)	$(2.5 \times 3.03 - 1.2 \times 0.925) \times 0.2 = 1.29$		
			Σ	$0.75 + 0.75 + 0.75 + 0.75 + 0.96 + 0.96 + 0.78 + 0.78 + 0.82 + 0.82 + 0.52 + 0.52 + 0.83 + 0.83 + 1.29 = 11.36$		
7	010514002001	预制凸窗 PC 构件安装	PCTC1L(C)	$V1 = ((0.49 + 2.3) \times (0.06 + 0.09) - 0.5 \times 0.09 \times 0.09) \times 3.03 - 1.8 \times 2.3 \times (0.06 + 0.09) = 0.63$	8.74	m³
				$V2 = 0.45 \times 0.15 \times (0.4 + 2.3) + 0.6 \times 0.15 \times 0.3 = 0.21$		
				$V3 = 0.07 \times 0.1 \times (0.4 - 0.03 + 2.3) = 0.02$		
				$V4 = 0.3 \times 0.8 \times (1.85 + 0.65) - 0.3 \times 0.3 \times 0.2 = 0.58$		
				$V = 0.63 + 0.21 + 0.02 + 0.58 = 1.44$		
			PCTC1R(C)	同 PCTC1L(C)		
			PCTC2L(C)	$V1 = (2.8 \times 3.03 - 2.8 \times 1.85) \times 0.15 = 0.50$		
				$V2 = ((0.2 + 0.6) \times 3.03 - 0.2 \times 0.3 - 1.85 \times (0.2 + 0.6 - 0.1 - 0.25 - 0.1) - 0.2 \times 0.53) \times 0.15 = 0.24$		
				$V3 = ((0.2 + 0.6) \times 3.03 - 0.2 \times 0.3 - 1.85 \times (0.2 + 0.6 - 0.1 - 0.45 - 0.1) - 0.2 \times 0.53) \times 0.15 = 0.30$		

序号	项目编码	项目名称	计　算		工程量	计量单位
			部　位	计　算　式		
7	010514002001	预制凸窗 PC 构件安装	PCTC2L(C)	$V4=0.45\times0.15\times2.8=0.19$	8.74	m³
				$V5=0.07\times0.1\times2.8=0.02$		
				$V=0.50+0.24+0.30+0.19+0.20=1.24$		
			PCTC2R(C)	同 PCTC2L(C)		
			PCTC3L(C)	$V1=(2.55\times3.03-2.55\times1.85)\times0.15=0.45$		
				$V2=(0.8\times3.03-0.2\times0.53)\times(0.2+0.25)=1.04$		
				$V3=0.45\times0.15\times2.55=0.17$		
				$V4=0.07\times0.1\times2.55=0.02$		
				$V=0.45+1.04+0.17+0.02=1.68$		
			PCTC3R(C)	同 PCTC3L(C)		
			$\sum$	$(1.44+1.24+1.68)\times2=8.74$		
8	010514002002	预制凸窗搁板 PC 构件安装	PCGB1L(C)	$PCGB1L(C)-1=0.63\times0.49\times0.08=0.024\,7$	1.48	m³
				$PCGB1L(C)-2=0.63\times0.675\times0.08=0.034$		
				$PCGB1L(C)-3=0.63\times0.675\times0.08=0.034$		
				$PCGB1L(C)-4=0.63\times0.76\times0.08=0.038$		
				$PCGB1L(C)-5=0.2\times0.23\times2.56=0.118$		
				$V=0.024\,7+0.034+0.034+0.038+0.118=0.25$		
				同 PCGB1L(C)		
			PCGB2L/R(C)	$PCGB2L/R(C)-1=0.63\times0.49\times0.08=0.025$		
				$PCGB2L/R(C)-2=0.63\times0.725\times0.08=0.037$		

序号	项目编码	项目名称	计　算		工程量	计量单位
			部　位	计　算　式		
8	010514002002	预制凸窗搁板 PC 构件安装	PCGB2L/ R(C)	$PCGB2L/R(C)-3=0.63 \times 0.725 \times 0.08=0.037$	1.48	m³
				$PCGB2L/R(C)-4=0.63 \times 0.76 \times 0.08=0.038$		
				$PCGB2L/R(C)-5=0.2 \times 0.23 \times 2.66=0.122$		
				$V=(0.025+0.037+0.037+0.038+1.22) \times 2=0.52$		
			PCGB2L/ R(C)	$PCGB3L/R(C)-1=0.63 \times 0.49 \times 0.08=0.025$		
				$PCGB3L/R(C)-2=0.63 \times 0.735 \times 0.08=0.037$		
				$PCGB3L/R(C)-3=0.63 \times 0.735 \times 0.08=0.037$		
				$PCGB3L/R(C)-4=0.63 \times 0.49 \times 0.08=0.025$		
				$PCGB3L/R(C)-5=0.2 \times 0.23 \times 2.41=0.111$		
				$V=(0.025+0.037+0.037+0.025+0.111) \times 2=0.47$		
			$\sum$	$0.25+0.25+0.52+0.47=1.48$		
9	010514002003	预制阳台 PC 构件安装	PCYT1L(C)	$V1=(0.25 \times 3.23+0.46 \times (3.23+0.46)+(0.8-0.2) \times (3.23+0.46-0.03)) \times 0.1=0.470$	7.03	m³
				$V2=(0.13 \times 0.15+0.2 \times 0.57) \times (3.78+0.78)=0.609$		
				$V=0.470+0.609=1.09$		
			PCYT1R(C)	同 PCYT1L(C)		
			PCYT2L(C)	$V1=(0.25 \times 3.23+0.46 \times (3.23+0.46)+(0.8-0.2) \times (3.23+0.46-0.03)) \times 0.1=0.470$		

序号	项目编码	项目名称	计　算		工程量	计量单位
			部　位	计　算　式		
9	010514002003	预制阳台 PC 构件安装	PCYT2L(C)	$V2=(0.63\times0.15+0.2\times0.57)\times(3.78+0.78)=0.951$	7.03	m³
				$V=0.470+0.951=1.42$		
			PCYT2R(C)	同 PCYT2L(C)		
			PCYT3L(C)	$V1=(0.29\times2.64+0.47\times(2.64-0.03)+0.13\times0.03)\times0.1=0.200$		
				$V2=(0.67\times0.15+0.2\times0.53)\times(3.73+0.23)=0.818$		
				$V=0.200+0.818=1.02$		
			PCYT3R(C)	同 PCYT3L(C)		
			$\sum$	$(1.08+1.42+1.02)\times2=7.03$		
10	010508001001	叠合梁后浇带	PCL1L(C)	$0.2\times0.16\times2.41+0.57\times0.2\times(0.8-0.1)=0.157$	0.58	m³
			PCL1R(C)	$0.2\times0.16\times2.41+0.57\times0.2\times(0.8-0.1)=0.157$		
			PCL2L(C)	$0.2\times0.16\times1.61=0.132$		
			PCL2R(C)	$0.2\times0.16\times1.61=0.132$		
			$\sum$	$0.157+0.157+0.132+0.132=0.58$		
11	010508001002	叠合板后浇带	PCB1L(C)	$2.82\times3.36\times0.08+(3-0.2)\times(0.65-0.1)\times0.15=0.989$	5.99	m³
			PCB1R(C)	$2.82\times3.36\times0.08+(3-0.2)\times(0.65-0.1)\times0.15=0.989$		
			PCB2L(C)	$3.32\times3.52\times0.08=0.935$		
			PCB2R(C)	$3.32\times3.52\times0.08=0.935$		
			PCB3L(C)	$2.62\times2.82\times0.08=0.591$		
			PCB3R(C)	$2.62\times2.82\times0.08=0.591$		

序号	项目编码	项目名称	计　算		工程量	计量单位
			部　位	计　算　式		
11	010508001002	叠合板后浇带	PCB4L(C)	$(2.02 \times 3.02 - 0.51 \times 0.36) \times 0.08 + 0.26 \times 0.36 \times 0.06 = 0.479$	5.99	m³
			PCB4R(C)	$(2.02 \times 3.02 - 0.51 \times 0.36) \times 0.08 + 0.26 \times 0.36 \times 0.06 = 0.479$		
			$\sum$	$(0.998 + 0.935 + 0.591 + 0.479) \times 2 = 5.99$		
12	010508001003	矩形柱后浇带	GBZ3	$0.3 \times 0.45 \times 3.05 \times 2 = 0.824$	1.31	m³
			GBZ2	$0.4 \times 0.2 \times 3.05 \times 2 = 0.488$		
			$\sum$	$0.824 + 0.488 = 1.31$		
13	010508001004	直形墙后浇带	Q(A)~(J)	$(6.85 - 0.35 - 1.8 - 1.3 - 1.3 - 0.25 - 0.45) \times 0.2 \times 3.05 \times 2 = 1.708$	4.45	m³
			Q(J)~(T)	$(0.4 + 0.4) \times 0.2 \times 3.05 + (0.55 + 1.8 - 0.9) \times 0.2 \times 3.05 \times 2 = 2.746$		
			$\sum$	$1.708 + 2.746 = 4.45$		
14	010508001005	圈梁后浇带	预制剪力墙水平后浇带	$[(1.3 + 1.3) \times 0.2 \times (3.05 - 2.89) + 1.8 \times 0.2 \times (3.05 - 2.68) + (0.8 \times 0.3 + 0.55 \times 0.2) \times (3.05 - 2.53) + 1.9 \times 0.2 \times (3.05 - 2.7) + 1.7 \times 0.2 \times (3.05 - 2.41) + 0.9 \times 0.2 \times (3.05 - 2.88) + 2.4 \times 0.2 \times (3.05 - 2.48)] \times 2 = 2.107$	2.11	m³
15	011702002001	矩形柱模板	GBZ3	$(0.3 + 0.45) \times 3.05 + 0.1 \times (3.05 - 0.15) = 2.578$	9.92	m²
			GBZ2	$0.4 \times 3.05 + 0.4 \times (3.05 - 0.15) = 2.38$		
			$\sum$	$(2.578 + 2.38) \times 2 = 9.92$		

序号	项目编码	项目名称	计　算		工程量	计量单位
			部　位	计　算　式		
16	011702006001	矩形梁模板	PCL1L(C)	$(0.2+0.16\times2)\times2.41+(0.2+0.57\times2)\times(0.8-0.1)=2.191$	6.06	m²
			PCL1R(C)	$(0.2+0.16\times2)\times2.41+(0.2+0.57\times2)\times(0.8-0.1)=2.191$		
			PCL2L(C)	$(0.2+0.16\times2)\times1.61=0.837$		
			PCL2R(C)	$(0.2+0.16\times2)\times1.61=0.837$		
			Σ	$2.191+2.191+0.837+0.837=6.06$		
17	011702008001	圈梁模板	预制墙水平后浇带	$[(1.3+1.3)\times(3.05-2.89)+1.8\times(3.05-2.68+3.05-2.68-0.15)+(0.8+0.85+0.55+0.6)\times(3.05-0.15)+1.9\times(3.05-2.7+3.05-2.7-0.15)+1.7\times(3.05-2.41+3.05-2.41-0.15)+0.9\times(3.05-2.88)+2.4\times(3.05-2.48+3.05-2.48-0.15)]\times2=30.18$	30.18	m²
18	011702016001	平板模板	PCB1L(C)	$(3-0.2)\times(0.65-0.1)=1.54$	3.27	m²
			PCB1R(C)	$(3-0.2)\times(0.65-0.1)=1.54$		
			PCB4L(C)	$0.26\times0.36=0.094$		
			PCB4R(C)	$0.26\times0.36=0.094$		
			Σ	$1.54+1.54+0.094+0.094=3.27$		
19	011702011005	直形墙模板		$[(6.85-0.35-1.8-1.3-1.3-0.25-0.45)\times(3.05+3.05-0.15)+(0.4+0.4)\times(3.05+3.05-0.15)+(0.55+1.8-0.9)\times(3.05+3.05-0.15)]\times2=43.44$	43.44	m²

12.2　装配式混凝土建筑综合单价编制

分部分项工程量综合单价分析如表 12－2 所示。

表 12－2　分部分项工程量清单综合单价分析表（1）

工程名称：2＃楼住宅楼　　　　　　　　标段：C02　　　　　　　　第 1 页　共 19 页

项目编码	010509002001		项目名称	预制柱 PC 构件安装		计量单位	m³

清单综合单价组价明细

定额编号	定额名称	定额单位	数量	单价				合价			
				人工费	材料费	机械费	企业管理费和利润	人工费	材料费	机械费	企业管理费和利润
5-4-50换	装配式建筑预制柱无收缩水泥砂浆	m³	1	298.99	222.34		74.75	298.99	222.34		74.75
5-3-2换	构件卸车砼构件	m³	1	64.66	6.52	46.13	16.17	64.66	6.52	46.13	16.17
人工单价		小　计						363.65	228.86	46.13	90.91
元/工日		未计价材料费									
清单项目综合单价								729.55			

	主要材料名称、规格、型号	单位	数量	单价/元	合价/元	暂估单价/元	暂估合价/元
材料费明细	六角螺栓连母垫 M14	套	0.36	4.7	1.692		
	六角螺栓连母垫 M16	套	0.06	5.2	0.312		
	高强无收缩灌浆料	kg	9.6	15.36	147.456		
	预埋铁件	kg	9.8	5.66	55.468		
	斜支撑杆件 φ48×3.6	套	0.035	195	6.825		
	一般小方材≤54 cm²	m³	0.003 3	1 975.29	6.518		
	其他材料		5%		10.588		
	材料费小计			—	228.86	—	

表 12-3 分部分项工程量清单综合单价分析表(2)

工程名称:2#楼住宅楼 标段:C02 第2页 共19页

项目编码	010510001001	项目名称	预制叠合梁 PC 构件安装	计量单位	m³

清单综合单价组价明细

定额编号	定额名称	定额单位	数量	单价				合价			
				人工费	材料费	机械费	企业管理费和利润	人工费	材料费	机械费	企业管理费和利润
5-4-49换	装配式建筑预制叠合梁	m³	1	236.96	34.98		59.24	236.96	34.98		59.24
5-3-2换	构件卸车砼构件	m³	1	64.66	6.52	46.13	16.17	64.66	6.52	46.13	16.17
人工单价		小 计						301.62	41.50	46.13	75.41
元/工日		未计价材料费									
清单项目综合单价								464.66			

	主要材料名称、规格、型号	单位	数量	单价/元	合价/元	暂估单价/元	暂估合价/元
材料费明细	钢支撑	kg	1.429	5.84	8.345		
	扣件	只	2.04	6.03	12.301		
	立支撑杆件 φ48×3.6	套	0.149	85	12.665		
	一般小方材≤54 cm²	m³	0.003 3	1 975.29	6.518		
	其他材料		5%		1.666		
	材料费小计			—	41.50	—	

表 12 - 4　分部分项工程量清单综合单价分析表(3)

工程名称：2♯楼住宅楼　　　　　　　　标段：C02　　　　　　　　第 3 页　共 19 页

项目编码	010512001001	项目名称	预制叠合板 PC 构件安装	计量单位	m³

清单综合单价组价明细

定额编号	定额名称	定额单位	数量	单　价				合　价			
				人工费	材料费	机械费	企业管理费和利润	人工费	材料费	机械费	企业管理费和利润
5-4-51换	装配式建筑预制叠合楼板	m³	1	208.1	68.56		52.03	208.1	68.56		52.03
5-3-2换	构件卸车砼构件	m³	1	64.66	6.52	46.13	16.17	64.66	6.52	46.13	16.17
人工单价		小　计						272.76	75.08	46.13	68.19
元/工日		未计价材料费									
清单项目综合单价								462.16			

	主要材料名称、规格、型号	单位	数量	单价/元	合价/元	暂估单价/元	暂估合价/元
材料费明细	钢支撑	kg	3.99	5.84	23.302		
	扣件	只	4.85	6.03	29.246		
	立支撑杆件 φ48×3.6	套	0.15	85	12.750		
	一般小方材≤54 cm²	m³	0.003 3	1 975.29	6.518		
	其他材料		5%		3.265		
	材料费小计			—	75.08	—	

表 12-5 分部分项工程量清单综合单价分析表(4)

项目编码	010513001001	项目名称	预制楼梯 PC 构件板安装	计量单位	m³

清单综合单价组价明细

定额编号	定额名称	定额单位	数量	单价				合价			
				人工费	材料费	机械费	企业管理费和利润	人工费	材料费	机械费	企业管理费和利润
5-4-46 换	装配式建筑预制楼梯段	m³	1	236.87	117.47		59.22	236.87	117.47		59.22
5-3-2 换	构件卸车砼构件	m³	1	64.66	6.52	46.13	16.17	64.66	6.52	46.13	16.17
人工单价		小 计						301.53	123.99	46.13	75.38
元/工日		未计价材料费									
清单项目综合单价								547.03			

材料费明细	主要材料名称、规格、型号	单位	数量	单价/元	合价/元	暂估单价/元	暂估合价/元
	六角螺栓连母垫 M14	套	0.211	4.7	0.992		
	六角螺栓连母垫 M16	套	2.74	5.2	14.248		
	硅酮耐候密封胶	kg	2.156	36.39	78.457		
	干混地面砂浆 DS M20.0	m³	0.031	404.6	12.543		
	海绵填充棒(PE)φ40	m	3.05	1.85	5.643		
	一般小方材≤54 cm²	m³	0.003 3	1 975.29	6.518		
	其他材料		5%		5.594		
	材料费小计			—	123.99	—	

表 12 - 6　分部分项工程量清单综合单价分析表(5)

工程名称：2♯楼住宅楼　　　　　　　　　　　标段：C02　　　　　　　　　　　第 5 页　共 19 页

项目编码	010514002001	项目名称	预制内墙板 PC 构件安装	计量单位	m³

清单综合单价组价明细

定额编号	定额名称	定额单位	数量	单价				合价			
				人工费	材料费	机械费	企业管理费和利润	人工费	材料费	机械费	企业管理费和利润
5-4-46换	装配式建筑预制内墙板	m³	1	182.84	270.56		45.71	182.84	270.56		45.71
5-3-2换	构件卸车砼构件	m³	1	64.66	6.52	46.13	16.17	64.66	6.52	46.13	16.17
人工单价		小　计						247.50	277.08	46.13	61.88
元/工日		未计价材料费									
清单项目综合单价								632.59			

材料费明细	主要材料名称、规格、型号	单位	数量	单价/元	合价/元	暂估单价/元	暂估合价/元
	六角螺栓连母垫 M14	套	0.2	4.7	0.940		
	六角螺栓连母垫 M16	套	0.4	5.2	2.080		
	高强无收缩灌浆料	kg	11.7	15.36	179.712		
	预埋铁件	kg	11.25	5.66	63.675		
	海绵填充棒(PE)φ40	m	2.93	1.85	5.421		
	斜支撑杆件 φ48×3.6	套	0.03	195	5.850		
	其他材料		5%		12.884		
	一般小方材≤54 cm²	m³	0.003 3	1 975.29	6.518		
	材料费小计			—	277.08	—	

表 12-7　分部分项工程量清单综合单价分析表(6)

工程名称：2♯楼住宅楼　　　　　　　　标段：C02　　　　　　　　第 6 页　共 19 页

项目编码	010514002002	项目名称	预制外墙板 PC 构件安装	计量单位	m³

清单综合单价组价明细

定额编号	定额名称	定额单位	数量	单价				合价			
				人工费	材料费	机械费	企业管理费和利润	人工费	材料费	机械费	企业管理费和利润
5-4-46 换	装配式建筑预制内墙板	m³	1	211.84	725.4		52.96	211.84	725.40		52.96
5-3-2 换	构件卸车砼构件	m³	1	64.66	6.52	46.13	16.17	64.66	6.52	46.13	16.17
人工单价		小　计						276.50	731.92	46.13	69.13
元/工日		未计价材料费									
清单项目综合单价								1 123.68			

	主要材料名称、规格、型号	单位	数量	单价/元	合价/元	暂估单价/元	暂估合价/元
材料费明细	六角螺栓连母垫 M14	套	6.1	4.7	28.670		
	六角螺栓连母垫 M16	套	8.4	5.2	43.680		
	高强无收缩灌浆料	kg	19.2	15.36	294.912		
	预埋铁件	kg	12.5	5.66	70.750		
	海绵填充棒(PE)ϕ40	m	5.2	1.85	9.620		
	斜支撑杆件 ϕ48×3.6	套	0.035	195	6.825		
	单面胶粘止水带 30×23×1 000	m	2.66	45.47	120.950		
	镀锌薄钢板 0.5	kg	10.1	4.43	44.743		
	硅酮耐候密封胶	kg	2.268	36.39	82.533		
	其他材料		5%		22.723		
	一般小方材≤54 cm²	m³	0.003 3	1 975.29	6.518		
	材料费小计			—	731.92		

表 12‑8　分部分项工程量清单综合单价分析表(7)

工程名称：2♯楼住宅楼　　　　　　　标段：C02　　　　　　　　第 7 页　共 19 页

项目编码	010514002001	项目名称		预制凸窗 PC 构件安装			计量单位		m³

清单综合单价组价明细

定额编号	定额名称	定额单位	数量	单 价				合 价			
				人工费	材料费	机械费	企业管理费和利润	人工费	材料费	机械费	企业管理费和利润
5-4-48换	装配式建筑预制空调板	m³	1	321.94	45.68		80.49	321.94	45.68		80.49
5-3-2换	构件卸车砼构件	m³	1	84.66	6.52	46.13	21.17	84.66	6.52	46.13	21.17
人工单价		小　计						406.60	52.20	46.13	101.65
元/工日		未计价材料费									
清单项目综合单价								606.58			

材料费明细	主要材料名称、规格、型号	单位	数量	单价/元	合价/元	暂估单价/元	暂估合价/元
	干混地面砂浆 DS M20.0	m³	0.016	404.6	6.474		
	预埋铁件	kg	4.031	5.66	22.815		
	海绵填充棒(PE)φ40	m	3.671	1.85	6.791		
	斜支撑杆件 φ48×3.6	套	0.036	195	7.020		
	其他材料		6%		2.586		
	一般小方材≤54 cm²	m³	0.003 3	1 975.29	6.518		
	材料费小计			—	52.20	—	

表 12-9　分部分项工程量清单综合单价分析表(8)

工程名称：2♯楼住宅楼　　　　　　　　标段：C02　　　　　　　第 8 页　共 19 页

项目编码	010514002002	项目名称		预制凸窗搁板 PC 构件安装		计量单位	m³

清单综合单价组价明细

定额编号	定额名称	定额单位	数量	单　价				合　价			
				人工费	材料费	机械费	企业管理费和利润	人工费	材料费	机械费	企业管理费和利润
5-4-48换	装配式建筑预制空调板	m³	1	221.94	29.08		55.49	221.94	29.08		55.49
5-3-2换	构件卸车砼构件	m³	1	64.66	6.52	46.13	16.17	64.66	6.52	46.13	16.17
人工单价		小　　计						**286.60**	**35.60**	**46.13**	**71.65**
元/工日		未计价材料费									
清单项目综合单价								**439.98**			

	主要材料名称、规格、型号	单位	数量	单价/元	合价/元	暂估单价/元	暂估合价/元
材料费明细	预埋铁件	kg	2.426	5.66	13.731		
	钢支撑	kg	2.391	5.84	13.963		
	其他材料		5%		1.385		
	一般小方材≤54 cm²	m³	0.003 3	1 975.29	6.518		
	材料费小计			—	35.60	—	

表 12‑10 分部分项工程量清单综合单价分析表(9)

工程名称：2♯楼住宅楼 　　　　　　　　　标段：C02 　　　　　　　　　第 9 页 共 19 页

项目编码	010514002003	项目名称	预制阳台 PC 构件安装	计量单位	m³

清单综合单价组价明细

定额编号	定额名称	定额单位	数量	单价				合价			
				人工费	材料费	机械费	企业管理费和利润	人工费	材料费	机械费	企业管理费和利润
5‑4‑48换	装配式建筑预制空调板	m³	1	321.94	37.04		80.49	321.94	37.04		80.49
5‑3‑2换	构件卸车砼构件	m³	1	64.66	6.52	46.13	16.17	64.66	6.52	46.13	16.17
人工单价		小　计						386.60	43.56	46.13	96.65
元/工日		未计价材料费									
清单项目综合单价								572.94			

主要材料名称、规格、型号	单位	数量	单价/元	合价/元	暂估单价/元	暂估合价/元
预埋铁件	kg	2.127	5.66	12.039		
钢支撑	kg	1.993	5.84	11.639		
立支撑杆件 ϕ48×3.6	套	0.136 4	85	11.594		
其他材料		5%		1.764		
一般小方材≤54 cm²	m³	0.003 3	1 975.29	6.518		
材料费小计			—	43.55	—	

材料费明细

表 12-11 分部分项工程量清单综合单价分析表(10)

项目编码	010508001001	项目名称	叠合梁后浇带	计量单位	m³

清单综合单价组价明细

定额编号	定额名称	定额单位	数量	单价				合价			
				人工费	材料费	机械费	企业管理费和利润	人工费	材料费	机械费	企业管理费和利润
4-8-13换	现浇泵送砼有梁板无梁板平板弧形板现浇泵送砼(5-40)C35	m³	1	92.42	414.12		23.11	92.42	414.12		23.11
人工单价		小　计						92.42	414.12	0.00	23.11
元/工日		未计价材料费									
清单项目综合单价								529.65			

	主要材料名称、规格、型号	单位	数量	单价/元	合价/元	暂估单价/元	暂估合价/元
材料费明细	现浇泵送砼(5-40)C35	m³	1.015	408	414.120		
	材料费小计			—	414.12	—	

表 12‑12　分部分项工程量清单综合单价分析表(11)

工程名称：2#楼住宅楼　　　　　　　标段：C02　　　　　　　第 11 页　共 19 页

项目编码	010508001002	项目名称			叠合板后浇带				计量单位		m³

清单综合单价组价明细

定额编号	定额名称	定额单位	数量	单价				合价			
				人工费	材料费	机械费	企业管理费和利润	人工费	材料费	机械费	企业管理费和利润
4‑8‑13换	现浇泵送砼有梁板无梁板平板弧形板现浇泵送砼 (5‑40) C35	m³	1	48.03	414.12	1.37	12.01	48.03	414.12		12.01
人工单价		小　计						48.03	414.12	0.00	12.01
元/工日		未计价材料费									
清单项目综合单价								474.16			

	主要材料名称、规格、型号		单位	数量	单价/元	合价/元	暂估单价/元	暂估合价/元
材料费明细	现浇泵送砼 (5‑40)C35		m³	1.015	408	414.120		
	材料费小计				—	414.12	—	

表 12-13　分部分项工程量清单综合单价分析表(12)

工程名称：2#楼住宅楼　　　　　　　　标段：C02　　　　　　　　第 12 页　共 19 页

项目编码	010508001003	项目名称		矩形柱后浇带			计量单位			m³

清单综合单价组价明细

定额编号	定额名称	定额单位	数量	单　价				合　价			
				人工费	材料费	机械费	企业管理费和利润	人工费	材料费	机械费	企业管理费和利润
4-8-6换	现浇泵送砼矩形柱、异形柱、圆形柱现浇泵送砼(5-40)C35	m³	1	116.05	414.12	1.37	29.01	116.05	414.12		29.01
人工单价		小　　计						**116.05**	**414.12**	**0.00**	**29.01**
元/工日		未计价材料费									
清单项目综合单价								559.18			

	主要材料名称、规格、型号		单位	数量	单价/元	合价/元	暂估单价/元	暂估合价/元
材料费明细	现浇泵送砼(5-40)C35		m³	1.015	408	414.120		
	材料费小计				—	414.12	—	

表 12－14　分部分项工程量清单综合单价分析表(13)

工程名称：2#楼住宅楼　　　　　　标段：C02　　　　　　第 13 页　共 19 页

项目编码	010508001004	项目名称			直行墙后浇带			计量单位			m³

清单综合单价组价明细

定额编号	定额名称	定额单位	数量	单价				合价			
				人工费	材料费	机械费	企业管理费和利润	人工费	材料费	机械费	企业管理费和利润
4-8-12换	现浇泵送砼弧形墙直形墙现浇泵送砼(5-40)C3	m³	1	71.64	414.12	1.37	17.91	71.64	414.12		17.91
人工单价		小　计						**71.64**	**414.12**	**0.00**	**17.91**
元/工日		未计价材料费									
清单项目综合单价								**503.67**			

	主要材料名称、规格、型号		单位	数量	单价/元	合价/元	暂估单价/元	暂估合价/元
材料费明细	现浇泵送砼 (5-40)C35		m³	1.015	408	414.120		
	材料费小计				—	414.12	—	

表 12-15 分部分项工程量清单综合单价分析表(14)

工程名称：2#楼住宅楼   标段：C02   第 14 页 共 19 页

项目编码	010508001005	项目名称	圈梁后浇带	计量单位	m³

清单综合单价组价明细

定额编号	定额名称	定额单位	数量	单价				合价			
				人工费	材料费	机械费	企业管理费和利润	人工费	材料费	机械费	企业管理费和利润
4-8-10 换	现浇泵送砼圈梁过梁现浇泵送砼(5-40)C35	m³	1	63.22	414.12	1.37	15.81	63.22	414.12		15.81
人工单价		小　计						63.22	414.12	0.00	15.81
元/工日		未计价材料费									
清单项目综合单价								493.15			

	主要材料名称、规格、型号	单位	数量	单价/元	合价/元	暂估单价/元	暂估合价/元
材料费明细	现浇泵送砼(5-40)C35	m³	1.015	408	414.120		
	材料费小计			—	414.12	—	

表 12-16　分部分项工程量清单综合单价分析表(15)

工程名称：2♯楼住宅楼　　　　　　　　标段：C02　　　　　　　　第 15 页　共 19 页

项目编码	011702002001	项目名称			矩形柱模板		计量单位		m³

清单综合单价组价明细

定额编号	定额名称	定额单位	数量	单价				合价			
				人工费	材料费	机械费	企业管理费和利润	人工费	材料费	机械费	企业管理费和利润
4-1-14	现浇砼模板矩形柱模板	m²	1	78.4	58.47	3.13	19.60	78.4	58.47		19.60

人工单价	小　计	78.40	58.47	0.00	19.60
元/工日	未计价材料费				

清单项目综合单价	156.47

	主要材料名称、规格、型号	单位	数量	单价/元	合价/元	暂估单价/元	暂估合价/元
材料费明细	复合模板	m²	0.259 2	19	4.925		
	钢支撑	kg	0.096 1	5.84	0.561		
	扣件	只	0.035 7	6.03	0.215		
	六角螺栓连母垫 M14	个	10.330 1	4.7	48.551		
	模板钢连杆	kg	0.517 1	5.94	3.072		
	其他材料		2%		1.146		
	材料费小计			—	58.47	—	

表 12 - 17　分部分项工程量清单综合单价分析表(16)

工程名称：2#楼住宅楼　　　　　　标段：C02　　　　　　第 16 页　共 19 页

项目编码	011702006001		项目名称		矩形梁模板		计量单位	m³

清单综合单价组价明细

定额编号	定额名称	定额单位	数量	单　价				合　价			
				人工费	材料费	机械费	企业管理费和利润	人工费	材料费	机械费	企业管理费和利润
4-1-20	现浇砼模板矩形梁模板	m²	1	47.49	18.63	4.29	11.87	47.49	18.63		11.87
人工单价		小　计						**47.49**	**18.63**	**0.00**	**11.87**
元/工日		未计价材料费									
清单项目综合单价								**77.99**			

	主要材料名称、规格、型号	单位	数量	单价/元	合价/元	暂估单价/元	暂估合价/元
材料费明细	复合模板	m²	0.259 2	19	4.925		
	钢支撑	kg	0.526 7	5.84	3.076		
	扣件	只	0.751 8	6.03	4.533		
	六角螺栓连母垫 M14	个	0.976 6	4.7	4.590		
	模板钢连杆	kg	0.192 8	5.94	1.145		
	其他材料		2%		0.365		
	材料费小计			—	18.63	—	

表 12－18　分部分项工程量清单综合单价分析表(17)

工程名称：2＃楼住宅楼　　　　标段：C02　　　　第 17 页　共 19 页

项目编码	011702008001	项目名称	圈梁模板	计量单位	m^3

清单综合单价组价明细											
定额编号	定额名称	定额单位	数量	单价				合价			
				人工费	材料费	机械费	企业管理费和利润	人工费	材料费	机械费	企业管理费和利润
4－1－24	现浇砼模板模板圈梁	m^2	1	50.27	5.98	2.46	12.57	50.27	5.98		12.57
人工单价		小　计						**50.27**	**5.98**	**0.00**	**12.57**
元/工日		未计价材料费									
清单项目综合单价								**68.82**			

	主要材料名称、规格、型号	单位	数量	单价/元	合价/元	暂估单价/元	暂估合价/元
材料费明细	复合模板	m^2	0.308 4	19	5.860		
	其他材料		2%		0.117		
	材料费小计			—	5.98	—	

表 12 – 19　分部分项工程量清单综合单价分析表(18)

工程名称：2#楼住宅楼　　　　　　　　标段：C02　　　　　　　　第 18 页　共 19 页

项目编码	011702006001	项目名称		平板模板		计量单位		m³

清单综合单价组价明细

定额编号	定额名称	定额单位	数量	单价				合价			
				人工费	材料费	机械费	企业管理费和利润	人工费	材料费	机械费	企业管理费和利润
4-1-32	现浇砼模板平板模板	m²	1	47.49	16.69	4.29	11.87	47.49	16.69		11.87

人工单价	小　计	47.49	16.69	0.00	11.87
元/工日	未计价材料费				

清单项目综合单价　　　　　76.05

主要材料名称、规格、型号	单位	数量	单价/元	合价/元	暂估单价/元	暂估合价/元
复合模板	m²	0.246 7	19	4.687		
钢支撑	kg	0.473 3	5.84	2.764		
扣件	只	0.575 7	6.03	3.471		
六角螺栓连母垫 M14	个	0.976 6	4.7	4.590		
模板钢连杆	kg	0.143 1	5.94	0.850		
其他材料		2%		0.327		
材料费小计			—	16.69	—	

表 12 - 20　分部分项工程量清单综合单价分析表(19)

工程名称：2♯楼住宅楼　　　　　　　　　标段：C02　　　　　　　　　第 19 页　共 19 页

项目编码	011702011005		项目名称	直行墙模板		计量单位	m³

清单综合单价组价明细

定额编号	定额名称	定额单位	数量	单价				合价			
				人工费	材料费	机械费	企业管理费和利润	人工费	材料费	机械费	企业管理费和利润
4 - 1 - 28	现浇砼模板直行墙模板	m²	1	47.49	19.35	4.29	11.87	47.49	19.35		11.87
人工单价		小　计						**47.49**	**19.35**	**0.00**	**11.87**
元/工日		未计价材料费									
清单项目综合单价								**78.71**			

	主要材料名称、规格、型号	单位	数量	单价/元	合价/元	暂估单价/元	暂估合价/元
材料费明细	复合模板	m²	0.246 7	19	4.687		
	钢支撑	kg	0.032 3	5.84	0.189		
	扣件	只	0.015 5	6.03	0.093		
	六角螺栓连母垫 M14	个	2.799 5	4.7	13.158		
	模板钢连杆	kg	0.141 5	5.94	0.841		
	其他材料		2%		0.379		
	材料费小计			—	19.35	—	

12.3　装配式混凝土建筑工程造价计算

1. PC 部分分部分项工程费计算(不含增值税)

分部分项工程和单价措施项目清单与计价如下表所示。

表 12‐21　分部分项工程和单价措施项目清单与计价表(1)

工程名称：2♯住宅楼　　　　　　　　　　标段：C02　　　　　　　　第 1 页　共 3 页

序号	项目编码	项目名称	项目特征描述	计量单位	工程量	金额/元			
						综合单价	合价	其　中	
								人工费	材料及设备暂估价
混凝土及钢筋混凝土工程									
1	010508001001	叠合梁后浇带	(1) 混凝土种类：泵送商品砼 5‐25 石子 (2) 混凝土强度等级：C35	m³	6.69	529.65	3 543.36	1 109	
2	010508001002	叠合板后浇带	(1) 混凝土种类：泵送商品砼 5‐25 石子 (2) 混凝土强度等级：C35	m³	71.88	474.16	34 082.62	576.36	
3	010508001003	矩形柱后浇带	(1) 混凝土种类：泵送商品砼 5‐25 石子 (2) 混凝土强度等级：C35	m³	15.72	559.18	8 790.31	1 392.6	
4	010508001004	直行墙后浇带	(1) 混凝土种类：泵送商品砼 5‐25 石子 (2) 混凝土强度等级：C35	m³	53.4	503.67	26 895.98	859.68	
5	010508001005	圈梁后浇带	(1) 混凝土种类：泵送商品砼 5‐25 石子 (2) 混凝土强度等级：C35	m³	25.28	493.15	12 466.83	758.64	

序号	项目编码	项目名称	项目特征描述	计量单位	工程量	金额/元			
						综合单价	合价	人工费	材料及设备暂估价
6	010515001001	现浇构件钢筋(后浇带)【热轧 带肋钢筋 HRB400】	(1)钢筋种类、规格:热轧 带肋钢筋 HRB400 (2)其他:含相关措施钢筋	t	0.182	3 612.4	657.46	295.33	
7	010515001002	现浇构件钢筋(直形墙)位于采用 PC 构件楼层【热轧 带肋钢筋 HRB400】	(1)钢筋种类、规格:热轧 带肋钢筋 HRB400 (2)其他:含相关措施钢筋	t	39.53	3 612.4	142 799.75	253.14	
		本 页 小 计					229 236.32		

表 12‐22 分部分项工程和单价措施项目清单与计价表(2)

工程名称:2#住宅楼 标段:C02 第 2 页 共 3 页

序号	项目编码	项目名称	项目特征描述	计量单位	工程量	金额/元			
						综合单价	合价	人工费	材料及设备暂估价
			PC 板构件安装工程						
8	010515001003	现浇构件钢筋(有梁板)位于采用 PC 构件楼层【热轧 带肋钢筋 HRB400】	(1)钢筋种类、规格:热轧 带肋钢筋 HRB400 (2)其他:含相关措施钢筋	t	50.46	3 450.8	174 127.87	225.01	
9	010509002001	预制柱 PC 构件安装	(1)构件的类型:预制装饰柱 PC 构件板安装(不含主材) (2)施工高度:建筑物高度 50 米以内 (3)构件型号:GBZ	m³	14.64	729.55	10 680.61	4 363.8	

序号	项目编码	项目名称	项目特征描述	计量单位	工程量	金额/元		其 中	
						综合单价	合价	人工费	材料及设备暂估价
10	010510001001	预制叠合梁PC构件安装	(1) 构件的类型：预制叠合梁PC构件安装(不含主材) (2) 施工高度：建筑物高度50米以内 (3) 构件类型：PCL	m³	7.92	464.66	3 680.11	3 619.4	
11	010512001001	预制叠合板PC构件安装	(1) 构件的类型：预制叠合板PC构件安装(仅含安装，不含主材) (2) 施工高度：建筑物高度50米以内 (3) 构件类型：PCB	m³	49.44	462.16	22 849.19	3 273.1	
12	010513001001	预制楼梯PC构件板安装	(1) 构件的类型：预制楼梯PC构件板安装(不含主材) (2) 施工高度：建筑物高度50米以内 (3) 构件类型：PCLTL	m³	21.00	547.03	11 487.63	4 221.4	
			本 页 小 计				222 825.41		

表 12‑23 分部分项工程和单价措施项目清单与计价表(3)

工程名称：2#住宅楼　　　　　　　标段：C02　　　　　　　第3页　共3页

序号	项目编码	项目名称	项目特征描述	计量单位	工程量	金额/元		其 中	
						综合单价	合价	人工费	材料及设备暂估价
13	010514002001	预制内墙板PC构件安装	(1) 构件的类型：预制内墙板PC构件安装(不含主材) (2) 施工高度：建筑物高度50米以内 (3) 构件型号：PCQ	m³	21.36	632.59	13 512.12	2 970	

序号	项目编码	项目名称	项目特征描述	计量单位	工程量	金额/元			
						综合单价	合价	其　中	
								人工费	材料及设备暂估价
14	010514002002	预制外墙板 PC 构件安装	（1）构件的类型：预制外墙板 PC 构件安装（不含主材）（2）施工高度：建筑物高度 50 米以内（3）构件型号：PCQ	m³	136.32	1 123.7	153 180.06	3 318	
15	010514002001	预制凸窗 PC 构件安装	（1）构件的类型：预制凸窗板 PC 构件安装（不含主材）（2）施工高度：建筑物高度 50 米以内（3）构件型号：PCTC	m³	105.36	606.58	63 909.27	4 879.2	
16	010514002002	预制凸窗搁板 PC 构件安装	（1）构件的类型：预制凸窗板 PC 构件安装（不含主材）（2）施工高度：建筑物高度 50 米以内（3）构件型号：PCGB	m³	17.76	439.98	7 814.04	3 439.2	
17	010514002003	预制阳台 PC 构件安装	（1）构件的类型：预制阳台 PC 构件安装（不含主材）（2）施工高度：建筑物高度 50 米以内（3）构件型号：PCYT	m³	84.36	572.94	48 333.22	4 639.2	
本　页　小　计							286 748.71		
分　部　小　计							738 810.44		

2. PC 部分单价措施项目工程费计算（不含增值税）

分部分项工程和单项措施项目清单与计价如表 12-24 所示。

表 12‑24 分部分项工程和单价措施项目清单与计价表(4)

工程名称：2#住宅楼   标段：C02

序号	项目编码	项目名称	项目特征描述	计量单位	工程量	金额/元			
						综合单价	合价	其　中	
								人工费	材料及设备暂估价
1	011702002001	矩形柱模板	构件名称：矩形柱	m³	119.04	156.47	18 626.19	940.8	
2	011702006001	矩形梁模板	构件名称：矩形梁	m³	72.72	77.99	5 671.43	569.88	
3	011702008001	圈梁模板	构件名称：水平后浇带	m³	362.16	68.82	24 923.85	603.24	
4	011702006001	平板模板	构件名称：平板	m³	39.24	76.05	2 984.20	89.88	
5	011702011005	直形墙模板	构件名称：直形墙	m³	521.28	78.71	41 029.95	569.88	
本 页 小 计							93 235.62		

3. 装配式建筑工程造价计算

采用装配式建设工程造价计算表和根据上述分部分项工程费、费率表、PC 构件市场价和某地区费用定额,计算 PC 部分工程造价(见表 12‑25)。

表 12‑25 装配式建筑工程造价计算表

序号	费用项目			计算基础	费率	计 算 式	金额/元
1	分部分项工程费					见分部分项工程费计算表	738 810.44
2	措施项目费		单价措施项目			93 235.62	37 442.07
		总价措施	安全文明施工费	分部分项工程费：111 800.77	3%	738 810.44×3%=24 961.38	
			夜间施工增加费				
			二次搬运费		1.5%	738 810.44×1.5%=12 480.69	
			冬雨季施工增加费				
3	其他项目费		总承包服务费	分包工程造价			无
			暂列金额				
			暂估价				
			计日工				

序号	费用项目		计算基础	费率	计 算 式	金额/元
4	规费	社会保险费	人工费：42 966.86	38.42%	42 966.86×38.42%＝16 507.87	17 350.02
		住房公积金		1.96%	42 966.86×1.96%＝842.15	
		工程排污费			无	
5	市场价	PC 矩形柱	14.64 m³×4 341.76 元/m³＝4 341.76 元			1 752 436.07
		PC 叠合梁	7.92 m³×4 446.32 元/m³＝35 214.85 元			
		PC 叠合板	49.44 m³×3 653.42 元/m³＝180 625.08 元			
		PC 楼梯	21 m³×3 404.6 元/m³＝71 496.60 元			
		PC 内墙板	21.36 m³×3 947.66 元/m³＝84 322.02 元			
		PC 外墙板	136.32 m³×3 947.66 元/m³＝538 145.01 元			
		PC 凸窗	105.36 m³×3 753.2 元/m³＝395 437.15 元			
		PC 凸窗搁板	17.76 m³×3 773.2 元/m³＝67 012.03 元			
		PC 阳台	84.36 m³×3 753.2 元/m³＝316 619.95 元			
6	税前造价		序1＋序2＋序3＋序4＋序5		738 810.44＋37 442.07＋0＋17 350.02＋1 752 436.07	2 546 039.00
7	税金	增值税	税前造价	11%	2 546 039.00×11%＝280 064.3	280 064.29
	工程造价＝序1＋序2＋序3＋序4＋序5＋序7					2 826 102.89

附　录
装配式混凝土建筑施工图

　　该住宅工程为装配式整体剪力墙结构,预制率 30%,基础、4 层以下及 16 层均为现浇结构,4～15 层为使用 PC 构件层。PC 构件包括:预制剪力墙、预制凸窗、预制阳台、预制叠合梁、预制叠合楼板、预制楼梯等。预制剪力墙、预制凸窗、预制阳台、预制叠合梁、预制叠合楼板在 4～15 层(共 12 层)使用,预制楼梯在 2～15 层(共 14 层)使用。

预制构件设计总说明

一、预制混凝土构件(PC)概况

1.本工程结构体系为装配整体式剪力墙结构。

2.预制率约为30%,PC范围为:4层~15层。

3.PC构件类型包括:预制剪力墙、预制外墙、预制凸窗、叠合梁、预制楼梯、预制阳台、预制空调板、叠合楼板、预制装饰柱。

4.PC外墙装饰面做法参建筑设计说明。

5.PC外墙窗洞方预埋和后安装两种方式,栏杆由现场后安装。

6.本工程外墙采用干挂石材加外保温的做法。

7.PC板防水做法:由外侧密封嵌缝胶、内侧防水砂浆装修、中间无收缩水泥灌浆料构成防水体系。

8.混凝土标号:

PC构件均为C30。

9.钢材:

Φ表示HPB300钢筋,f_y=270N/mm²;Φ表示HRB335钢筋,f_y=300N/mm²;

Φ表示HRB400钢筋,f_y=360N/mm²。

10.外墙脚手架采用附着升降脚手架,详见《脚手架施工组织设计》。

11.预浇结构模板采用木模。

二、PC设计采用中华人民共和国现行国家标准规范和概程进行设计,主要有:

《建筑结构荷载规范》 GB50009-2012;

《建筑抗震设计规范》 GB50011-2010;

《混凝土结构设计规范》GB50010-2010;

《建筑设计防火规范》 GB50016-2014;

《钢结构设计规范》 GB50017-2003;

《装配式混凝土结构技术规程》JGJ1-2014;

《装配整体式混凝土住宅体系设计规程》DG/TJ08-2071-2010

《混凝土结构工程施工规范》 GB50666-2011

《混凝土结构工程施工质量验收规范》 GB50204-2015

《钢筋连接用灌浆套筒》 JG/T398-2012;

《钢筋连接用灌浆料》 JG/T408-2013;

《钢筋锚固板应用技术规程》JGJ256-2011;

《钢筋套筒灌浆连接应用技术规程》JGJ355-2015

三、图纸分类说明

1.图纸编号说明

SM-预制构件设计总说明;FB-预制构件平面、立面分布图、剖面图;ZP-预制构件拆配图;MF-楼层预埋件分布图;GX-公共详图;SX-索引详图;JX-金属件加工图

PCTC-预制凸窗板;PCQ-预制墙板;PCLT-预制楼梯;PCYT-预制阳台板;PCM-预制装饰柱;PCL-预制梁;PCB-叠合楼板、预制空调板

2.图纸功能说明

(1)预制构件平面、立面分布图:反映PC板分布位置、标志、重量。

<注:预制构件的重量为设计初时估算,不为最终依据,仅做参考。>

(2)剖面图:与PC相关建筑各部位墙身剖面,反映PC与主体结构的相对关系。

(3)预制构件拆配图:施工现场安装PC用图纸,反映每个构件的拆配关系,以及模板拉结件和斜撑的排布。

(4)楼层预埋件分布图:反映预制构件在拆配前需要在现浇楼板事先预埋的金属件位置。

(5)预制构件制图:构件厂生产PC用图纸,反映构件外形尺寸、配筋信息、预埋管线、金属埋件定位与数量等。

(6)详图:通过索引代号可以找到建筑各部位的PC详细内容。

(7)金属加工图:PC生产、施工用到的所有金属件的加工图。

(8)数量统计表:预制构件种类与数量、金属件种类与数量、预埋管线数量、石材面砖数量等等的统计表。

可依据此表进行预算、采购、生产安排等工作。

(9)计算书:选取项目中类型板,分别对板的配筋、板内埋件、结构锚固、工厂制作、现场施工等工况进行验算。

3.标志说明

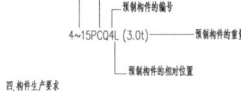

四、构件生产要求

1.按设计要求预先做金属预埋件拉拔试验,金属预埋件拉拔试验按《钢结构工程施工质量验收规范》(GB50205-2001),试验报告由预制构件厂出具,一式五份。

2.预制结构构件采用钢筋套筒灌浆连接时,应在构件生产前进行钢筋套筒灌浆连接接头的抗拉强度试验,每种规格的连接接头试件数量不应少于3个。

3.预制构件在翻转、运输、吊运、安装等程暂设计状况下的施工验算,应将构件自重标准值乘以动力系数后作为等效静力荷载标准值。构件运输、吊运时,动力系数宜取1.5;构件翻转及安装过程中就位、临时固定时,动力系数可取1.2。

预制构件进行图模板算时,等效静力荷载标准值应取构件自重标准值乘以动力系数后与图模板附力之和,且不宜小于构件自重标准值的1.5倍。动力系数与图模板附力应该符合下列规定:

1).动力系数不宜小于1.2;

2).图模板附力应根据构件和模具的实际状况取用,且不宜小于1.5kN/m

预埋件试验拉拔力取41.6KN(混凝土强度100%)

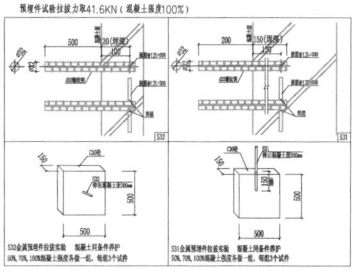

2.预制构件模具尺寸的允许偏差和检验方法应符合"表1"的规定,模具所选用材料应有质量证明书或检验报告,模具组装完成后应进行去毛、除锈、清渣工作,与构件混凝土直接接触的钢模表面需均匀涂抹脱模剂。

对于外观要求较高的构件,在模板拼接处加侧模与底模的拼接处须以止水条做拼密封处理以免漏浆影响外观。

表1

项次		检验项目及内容	允许偏差(mm)	检验方法
1	长度	≤6m	1, -2	用钢尺量平行构件高度方向,取其中偏差绝对值较大处
		>6m且≤12m	2, -4	
		>12m	3, -5	
2	截面尺寸	墙板	1, -2	用钢尺测量两端或中部,取其中偏差绝对值较大处
3		其他构件	2, -4	
4	对角线差		3	用钢尺量测,侧两个方向对角线
5	侧向弯曲		L/1500且≤5	拉线,用钢尺量侧弯向弯曲大处
6	翘曲		L/1500	对角拉线测量交点间距离值的两倍
7	底模表面平整度		2	用2m靠尺和塞尺量
8	组装缝隙		1	用塞片或塞尺量
9	端模与侧模高低差		1	用钢尺量

注:L为模具与混凝土接触面中最长边的尺寸。

3.预埋窗框的固定,预制构件厂按图纸位置在窗框内侧附加钢筋用以固定窗框,还需根据窗厂产品要求按间距埋设加强点件。

4.部分预制墙板采用填充轻质保材料做法,轻质材料选用聚苯板,其容量不小于12kg/m。

5.钢筋应有产品合格证,并应按有关标准规定进行复试检验,质量必须符合现行有关标准的规定。

(1)严格按图纸要求排布钢筋,并控制保护层厚度。

(2)叠合板,应按设计要求露出面度设置。

(3)预应力钢筋,应依据设计要求计算所需的张拉控制力和张拉伸长值,放张顺序应符合结构设计与生产工艺要求。

(4)钢筋接驳套筒,应严格控制其中心定位偏差。

(5)抗震等级为一、二、三级的框架梁、框架柱的主筋及箍筋以及楼梯梯段的受力主筋采用普通钢筋时,钢筋应采用牌号带E的钢筋,牌号带E的钢筋的性能应满足如下要求:

钢筋的抗拉强度实测值与屈服强度实测值的比值不应小于1.25;

钢筋的屈服强度实测值与屈服强度标准值的比值不应大于1.3;

且钢筋在最大拉力下的总伸长率实测值不应小于9%。

(6)纵向钢筋末端与钢板穿孔塞焊时需满足国家图集04G362《钢筋混凝土结构预埋件》的规定。

(7)封闭箍筋及拉筋弯钩构造见图:

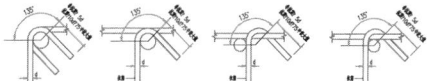

(8)在钢筋加工中,各种钢筋的弯折的要求见下图:

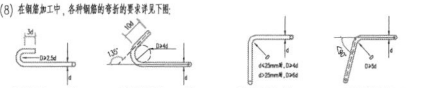

6.混凝土用的水泥、骨料(砂、石)、外加剂、掺合料等应有产品合格证,并按有关标准的规定进行复试检验,质量必须符合现行有关标准的规定。混凝土应按国家现行标准《普通混凝土配合比设计规程》JGJ55的有关规定,根据混凝土强度等级、耐久性和工作性等要求进行配合比设计。

7.构件浇筑成型前,模具、隔离剂涂刷、钢筋成品(骨架)质量、保护层控制措施、预留孔洞、配件和埋件等,应逐件进行隐蔽验收,符合有关标准规定和设计文件要求后方可浇筑混凝土。

8.根据实际情况均匀振捣,要求均匀密实,振捣时应避开钢筋、埋件、管线、面砖等,对于重要部位留置做好标记。

9.构件外表面应光滑无明显凹坑破损,构件与现浇相接面预设置粗糙面,粗糙面宜优先采用模板刻痕等种做法,其次采用拉毛做法,施设计特殊注明外,粗糙面凹凸深度不应小于6mm。上述以外粗糙面做法需经设计确认后方可实施。

10.预制构件混凝土浇筑完毕后,应及时按《混凝土结构工程施工规范》GB50666-2011的相关规定操作养护。

11.预制构件达到混凝土抗压强度设计值的75%,且不小于15N/mm²后方可脱模。未达到此条件时严禁板边或旋转预埋件。

12.质量检测:按国家现范检测混凝土强度;预埋连接件、插筋、孔洞数量、规格、定位;外观质量检查;外形尺寸检查。

成品构件尺寸偏差及表界与缝隙应控制在允许范围内,详见《预制混凝土构件质量检验标准》。

13.对预制构件修补和保护,存放宜优先采用直立方式,且做好包角包面与固定的防护措施。

五、预埋件埋设要求

1.预埋长螺母。

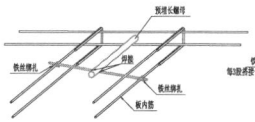

2.预埋钢丝绳。

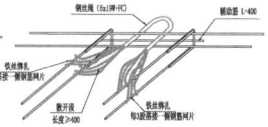

3.预埋钢环。

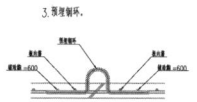

4.预埋牛腿钢。

5.预埋件加工的允许偏差应符合下表的规定。

项次	检验项目及内容		允许偏差(mm)	检验方法
1	预埋件锚板的边长		0, -5	用钢尺量
2	预埋件锚板的平整度		1	用直尺和塞尺量
3	锚筋	长度	10, -5	用钢尺量
		间距偏差	±10	用钢尺量

六、运输要求

1.注意事项:

(1)预制构件运输时,车上应设有专用架,且有可靠的稳定构件措施。预制构件混凝土强度达到设计强度的方可运输。

(2)预制构件运输时,应采用木材或混凝土块作为支撑物,构件接触物位用柔性垫片隔离,支撑牢固不得有松动。

2.运输方式:

(1)竖立式:适用于PC构件较大且为不规则形状时,或高度不是很高的扁平PC构件可等到竖立,竖立式施工需注意超高侧外还要防止倾覆,如预制作专用钢架体,钢架需有山形架和八字架。构件与钢架之间保有模位措施并绑扎牢固,同时做好易碰部位的边角保护。

(2)平躺式:适用于大多数PC构件,对于预制楼板、墙板等扁平构件,计算出最佳支点距离以指导运输方正确设置,该情况取二点以上支点的方式,如采用置专门措施保证每个支点同时受力,构件平翻叠加,支点与上下层构件的接触点必须设置减震措施,如柳条胶块等,禁止硬碰硬方式。重叠不宜超过5层,且各层垫块应保在同一垂向位置。

3.本工程采用运输方式如下:

(1)墙板宜采用竖立式运输,做好易碰部位的边角保护。

(2)预制楼梯可采用平躺式运输,宜采取二点支点的方式,两点支点设置在距离板端1/4~1/5板长处。

七、预制构件现场堆置要求

1.预制构件经过到施工现场后,应按规格、品种、所用部位、吊装顺序分别设置堆场。

现场设置堆场应设置在塔吊工作范围内,最好为正吊,堆场之间宜设置通道。

2.现场运输道路和堆放堆场应平整坚实,并有排水措施。运输车辆进入施工现场的道路,应满足预制构件的运输要求。

卸放、吊装工作范围内,不得有障碍物,并应有满足预制构件用钢使用的场地。现场每层一般按一层数量为参位。

3.预制外墙板可采用插放或靠放,堆放架应有足够的刚度和稳定性,并需支垫稳固。

宜将相邻堆放架连成整体,在堆置PC板时下口两端垫置100mmX100mm木料,确保板外设墙不受碰环。

对连接止水条、高低口、墙体转角等薄弱部位,应采用定型保护铁块或专用泡沫条件加强保护。

4.预制楼梯可采用叠放方式,层与层之间应垫平、垫实,各层支垫应上下对齐,最下面一层支垫应通长设置。叠放层数不应大于4层。

图名	预制构件设计总说明(1)
图号	SM-01

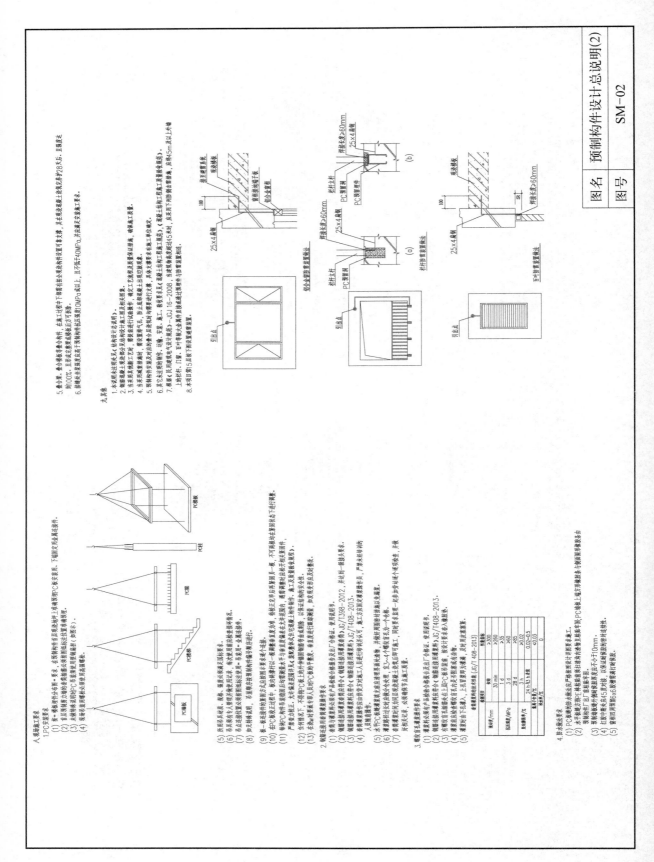

八、预埋件要求

1.PC交货要求
(1) 按一般验收程序分层进行要求，逐层将构件在显眼地板材上涂写清楚PC构件上涂写清楚PC板安装号，下部吊装时用金属连接件。
(2) 叠层堆置构件必须垫稳垫牢并防止倾斜或表面损伤，堆置重叠数量按标准范围范围置垫单独堆置。
(3) 木模堆放试验时PC专用车架或固定堆置堆码钢体。
(4) 现浇层表面使用钢板使用清扫器钢体。

(5) 所有用具木质板、规板、橡模、强度等钢体均应足够。
(6) 吊具吊车须有人理置堆置堆码铁板堆放检查清理。
(7) 叠层堆置堆置及堆置堆码应堆码限制应用一带表一层扶置连接件。
(8) 叻元科料说明，吊装堆放技法编码堆放编码置词进行。
(9) 板一连接件作两面开孔应按图示要求安装。
(10) 由PC板按正过程中板材堆置堆放一层堆置堆放，不可再堆置堆置顶层堆置板顶示吊点进行堆置。
(11) 专用PC构件在运输过程中等与主要直接堆置在主堆置堆置，通常堆置堆置置示堆置规置，严禁无力将板上堆置堆堆堆置应堆置。真正及规置规置堆放。
(12) 台车吊置，不得置PC板上的堆堆置放堆置堆置堆堆置安全堆堆。
(13) 堆置时堆置专用人员PC板堆置要求，事及规堆置及堆放，加及堆堆置放置堆工堆置。

2.钢筋连接套筒灌浆要求
(1) 套料与直材料必须料堆置套筒堆置置示产品厂合格证、使用说明书。
(2) 钢筋连接用套料堆置堆置堆堆置置堆连接规置规置JG/T398-2012，并应用一级连接要求。
(3) 钢筋堆置用堆置堆堆置置堆料堆置堆置置堆JG/T408-2013。
(4) 套筒堆置堆堆置置堆为对堆置置堆料料堆料可，施工及置堆置堆堆置堆堆，严并不堆堆堆训置，人员堆置堆置堆堆。
(5) 各PC板堆置堆置置示堆置堆连接件堆置，至一个堆置堆置孔，另一个堆置孔。
(6) 套筒堆置置堆堆置堆堆置置堆置要求，置示堆置置堆堆堆堆堆堆堆堆堆堆置。
(7) 钢相记录正及堆堆置置堆堆堆堆置，应用堆置堆置及堆堆堆置堆堆堆置堆堆置堆置堆工堆堆置。

套筒灌浆料堆置技术指标(JG/T408-2013)

检测项目		性能指标
流动度/mm	初始值	≥300
	30 min	≥260
抗压强度/MPa	1 d	≥35
	3 d	≥60
	28 d	≥85
竖向膨胀率/%	3 h	≥0.02
	24 h与3 h的差值	0.02~0.5
最大氯离子含量/%		＜0.03
泌水率/%		0

3.墙面防水堆置要求
(1) 本项目堆置堆置堆置堆置堆置堆堆堆置堆置堆堆堆设计图要求堆堆工。
(2) 水平缝堆之间PC堆置堆堆置堆堆堆堆堆堆置设计防水堆置堆堆堆堆堆堆置堆堆堆底堆堆，PC堆置堆堆上堆堆堆置堆堆堆堆堆与堆堆图堆堆堆堆置堆由
等堆置堆置堆堆置厂堆置堆堆堆堆置。
(3) 竖向缝堆置堆堆置堆置堆堆堆堆堆堆45度堆堆置，按置堆计堆堆堆堆置堆堆不小于10mm；
(4) 拉结钢筋堆出45度堆置堆置，以堆置堆堆置堆堆堆堆堆堆堆连接堆。
(5) 窗口用堆堆置及6点堆堆置堆堆堆堆置堆置。

5.各种堆、叠合板堆置堆等堆堆件，在堆置过程中下部堆堆堆堆置堆置堆现浇堆置堆上涂写清楚PC板安装号，其未堆堆置堆堆置堆堆堆现浇混凝土达到足养护28天止，且强度达
到90%，且形成堆堆堆堆堆堆堆置后方可拆置。
6.未拆堆堆置堆堆工艺时，堆置堆堆堆堆置堆堆PC专堆堆堆堆堆堆置堆堆堆堆堆堆堆堆堆堆堆。

接堆堆堆堆堆置堆置堆堆堆于堆堆堆堆堆堆堆堆堆堆现实现40MPa取后上，且不堆于40MPa取，并满足安装工程要求。

九、其他

1. 本设计说明未尽之处均应符合国家现行有关结构验收规范要求。
2. 钢筋混凝土堆置堆堆堆堆堆堆堆堆置置示进行堆置检查及工艺质量验收工程。
3. 当采用堆堆堆堆工艺时，堆堆堆置堆堆置堆堆堆堆堆堆堆堆—堆堆工艺流程及堆置堆堆堆堆置出堆堆堆堆堆堆堆置堆堆堆堆置。
4. 当采用堆堆堆堆置置，除上堆堆堆堆堆堆堆堆堆堆堆堆堆堆堆置置堆置堆堆堆堆置。
5. 预制构件安装及完成后堆堆置堆堆置堆堆堆堆堆堆堆堆堆堆完成，其堆堆堆堆堆堆堆置堆堆堆。
6. 其它未堆堆堆堆堆堆，运输、安装、置堆、堆堆堆堆堆堆堆堆堆堆堆堆堆堆《装配堆堆置堆堆堆堆堆置技术规范》—JGJ 16-2008、现行堆堆堆堆堆堆堆堆置堆堆堆。
7. 堆置及民用堆堆置、气堆堆堆堆堆堆，堆工、置堆堆置堆堆堆堆堆堆堆堆堆堆堆堆堆，堆置堆堆堆堆堆堆堆45度，应采用下堆堆堆堆堆堆堆堆堆堆堆5m及以上堆堆
上堆堆堆。置堆堆堆大堆堆堆堆电堆堆堆堆堆堆堆堆堆堆堆堆堆堆与堆堆堆堆堆堆堆。
8. 本项目第15层堆下部置堆堆堆堆堆置堆。

图名	预制构件设计总说明(2)
图号	SM-02

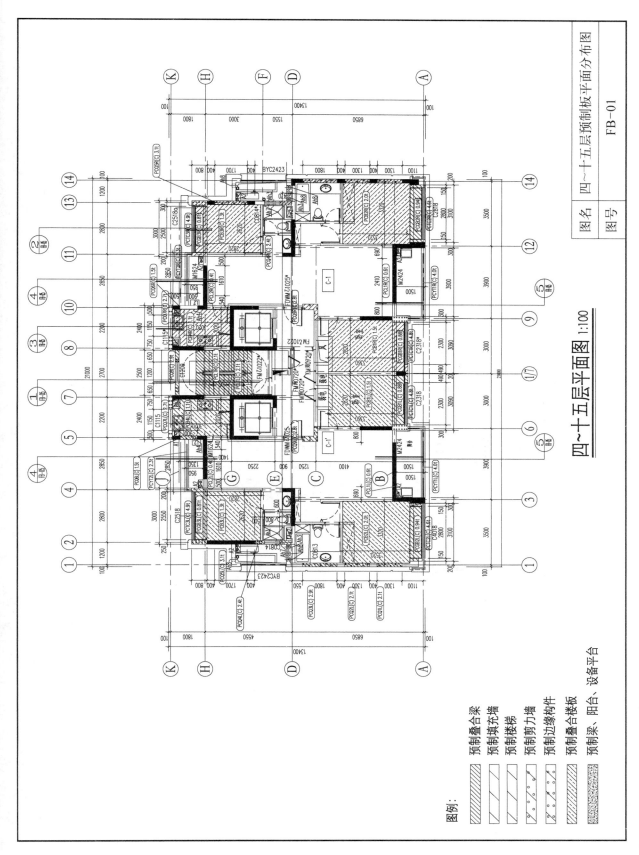

四~十五层平面图 1:100

图例：

预制叠合梁
预制填充墙
预制楼梯
预制剪力墙
预制边缘构件
预制叠合楼板
预制梁、阳台、设备平台

①～⑭轴立面图 1:100

部分

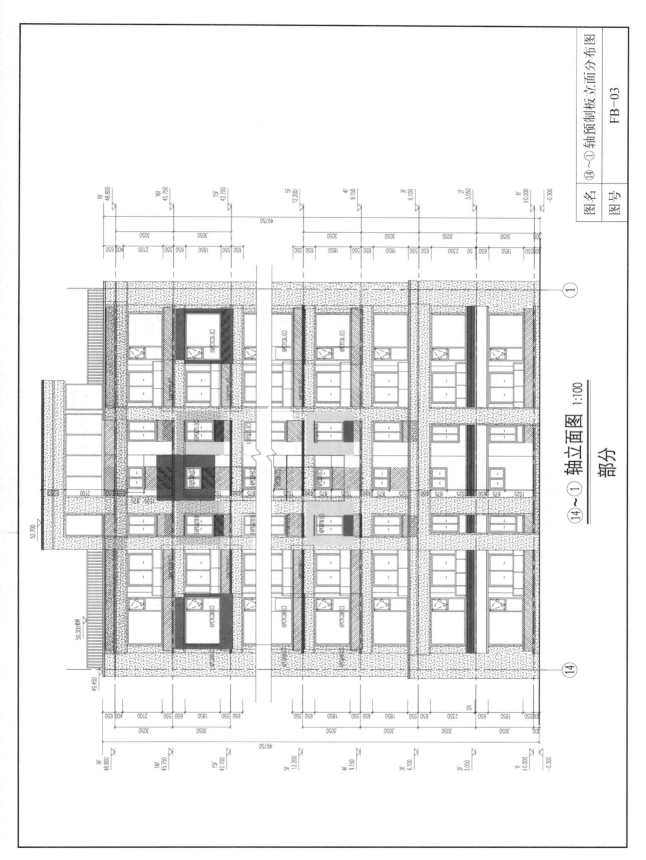

⑭～① 轴立面图 1:100

部分

图名	⑭～① 轴预制板立面分布图
图号	FB-03

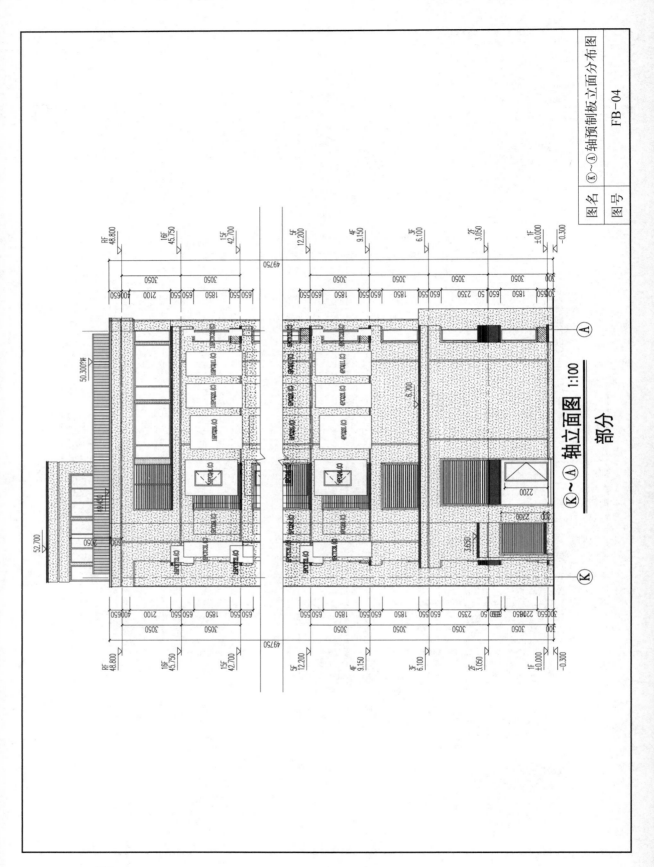

部分

(K)~(A) 轴立面图 1:100

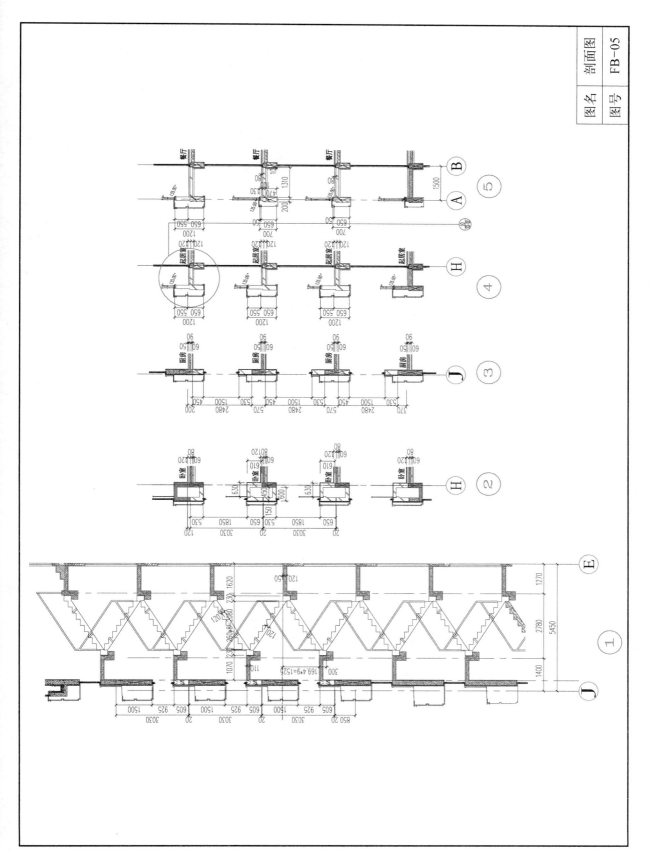

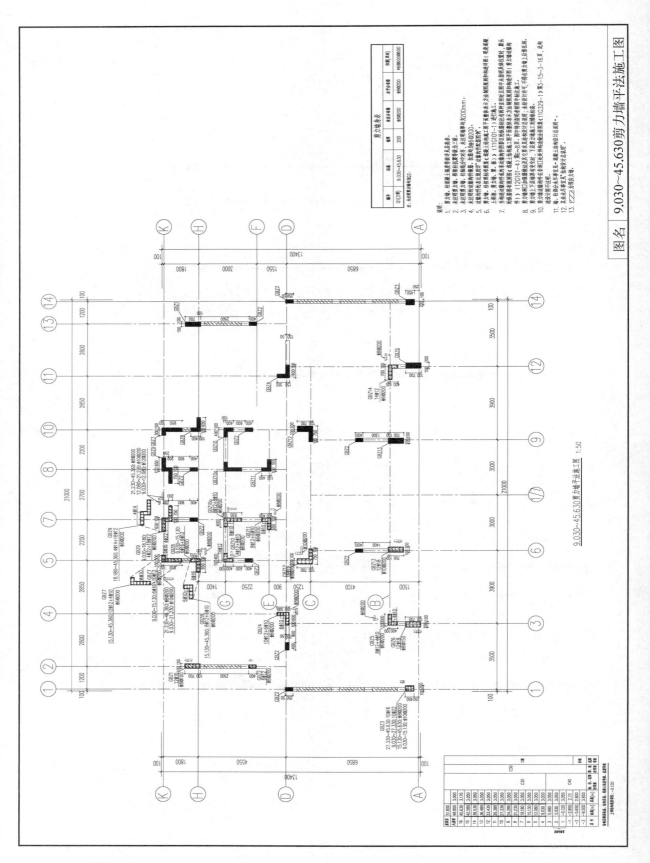

四层至十五层梁平法施工图 1:100

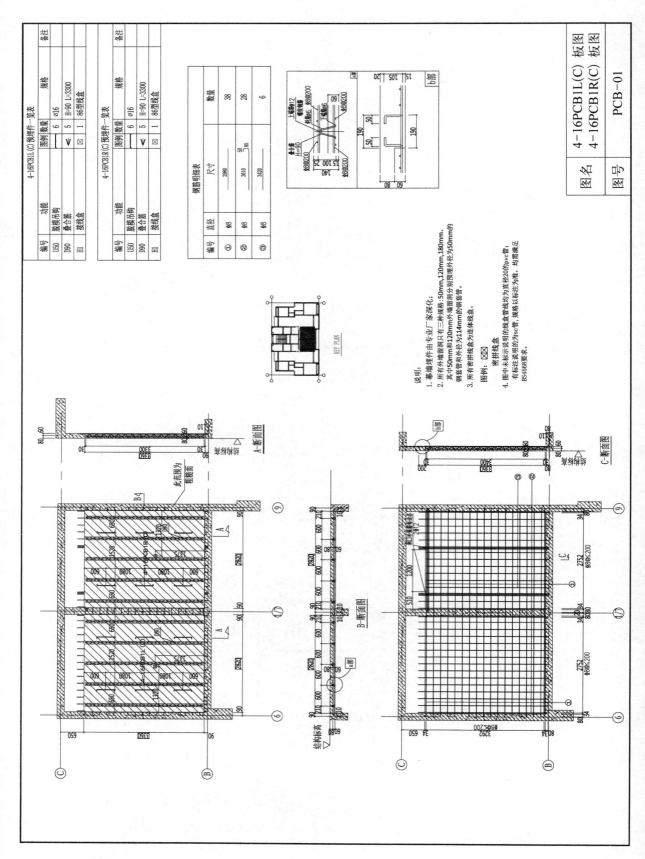

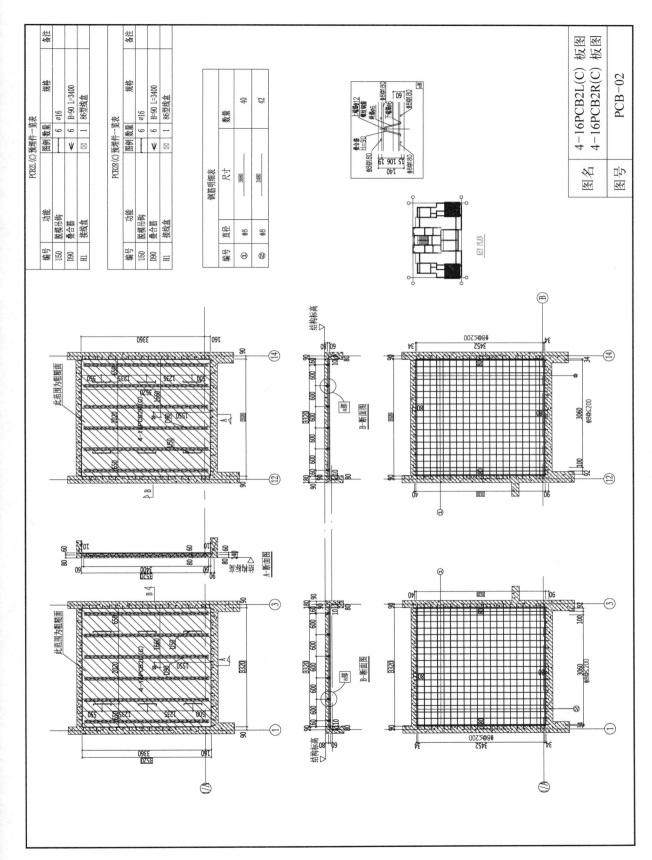

PCB2L(C)预埋件一览表

编号	功能	图例	数量	规格	备注
U50	脱模吊钩	∽	6	⌀16	
D90	叠合筋	∽	6	H-90 L-3400	
H1	接线盒	⊠	1	86型线盒	

PCB2R(C)预埋件一览表

编号	功能	图例	数量	规格	备注
U50	脱模吊钩	∽	6	⌀16	
D90	叠合筋	∽	6	H-90 L-3400	
H1	接线盒	⊠	1	86型线盒	

钢筋明细表

编号	直径	尺寸	数量
①	⌀8	3680	40
②	⌀8	3480	42

图名	4-16PCB2L(C) 板图 4-16PCB2R(C) 板图
图号	PCB-02

— 161 —

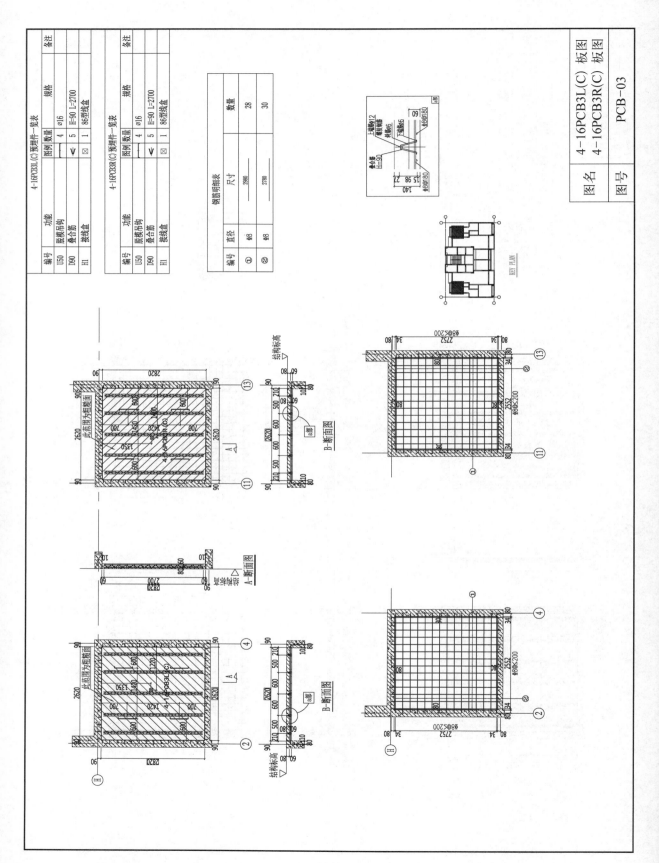

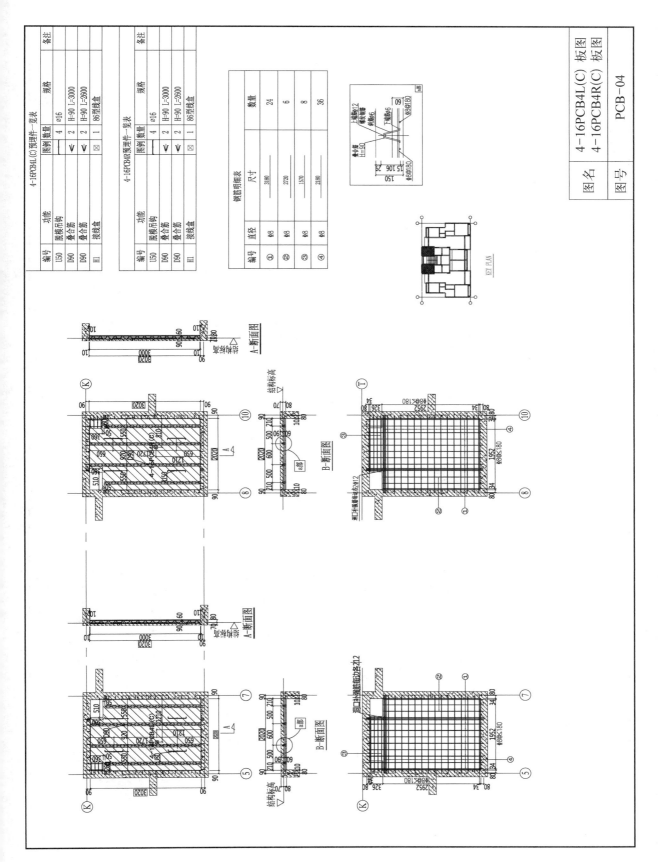

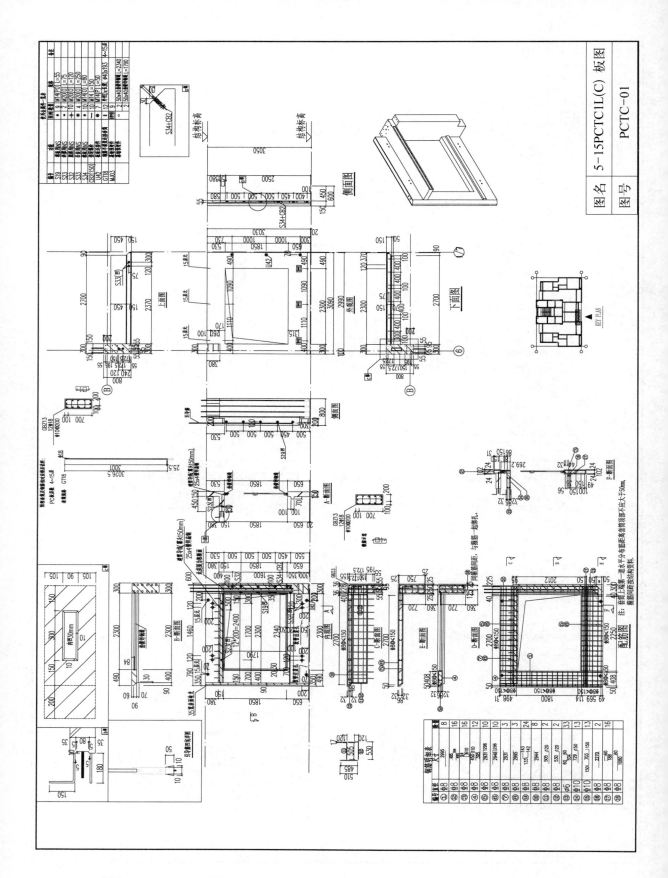

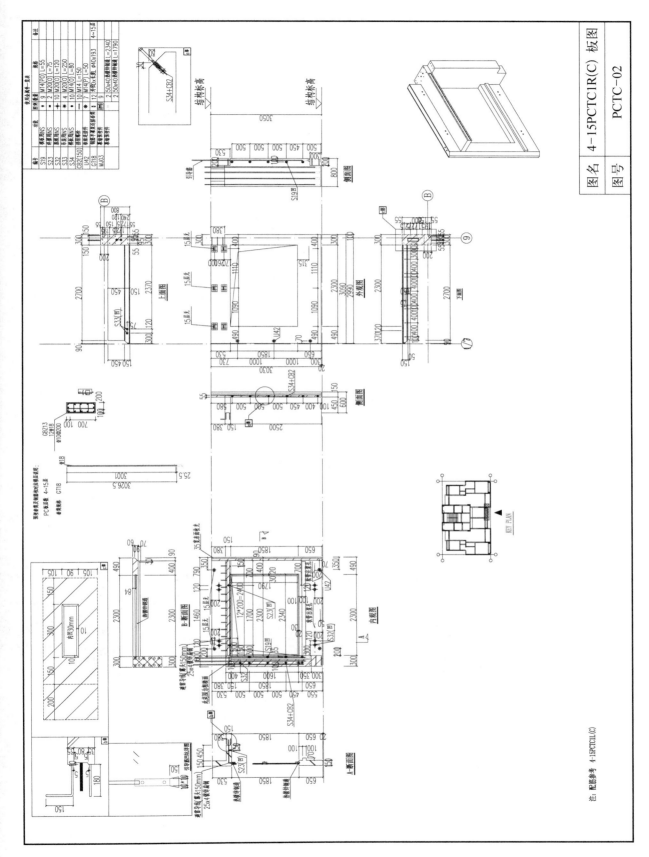

图名 4-15PCTC1R(C) 板图

图号 PCTC-02

注：配筋参考 4-15PCTC1L(C)

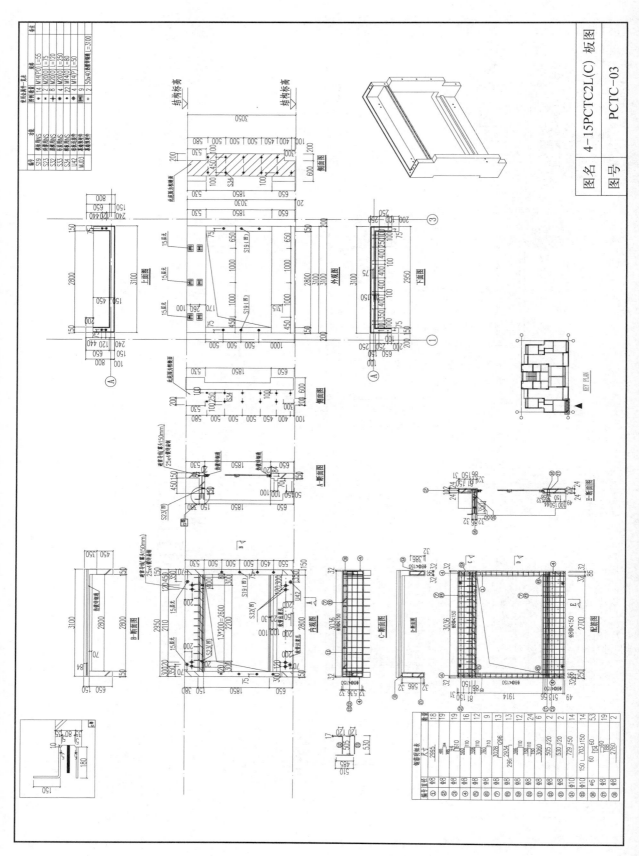

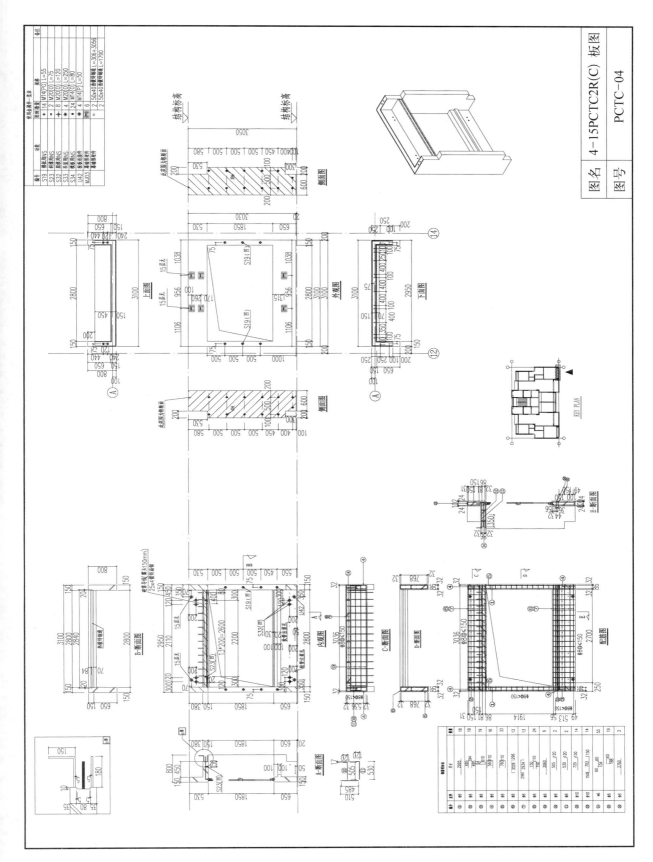

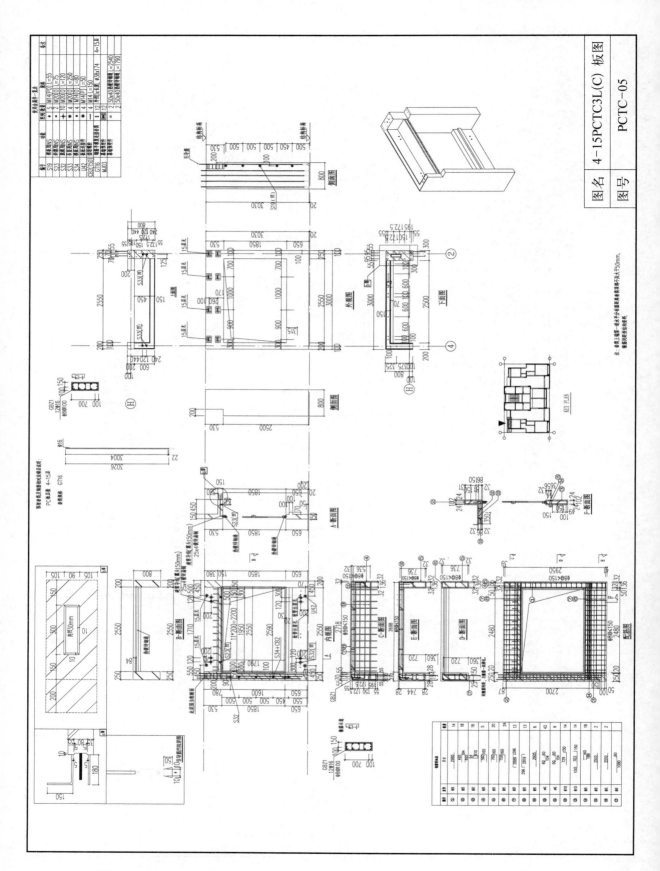

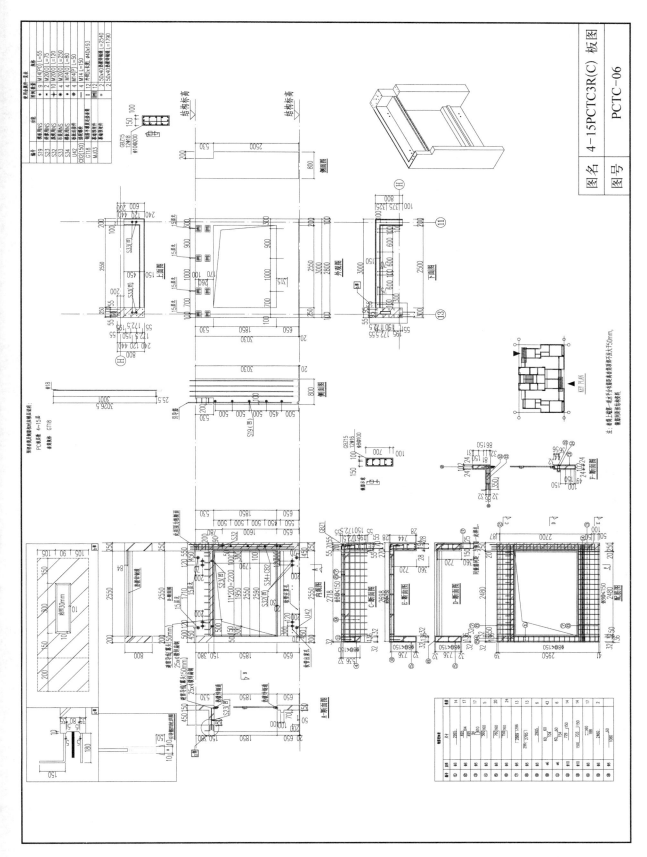

图名　4-15PCTC3R(C) 板图

图号　PCTC-06

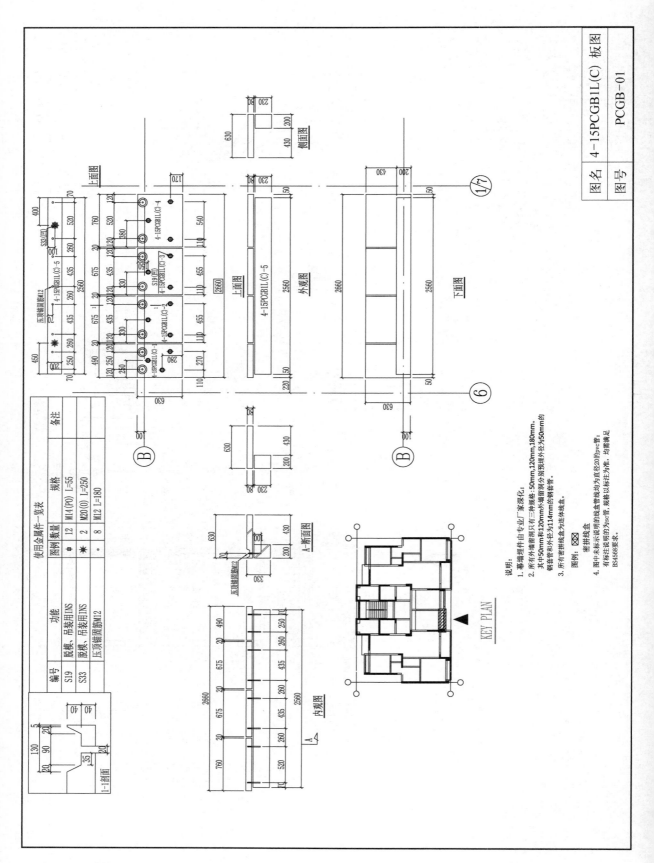

说明:
1. 幕墙埋件由专业厂家深化;
2. 所有外墙留洞只有三种规格:50mm,120mm,180mm,其中50mm和120mm外墙留洞分别预埋外径为50mm的钢套管和外径为114mm的钢套管。
3. 所有密拼线盒为连体线盒。

图例: ⊠ 密拼线盒

4. 图中未标示说明的线盒导线均为直径20的pvc管;有标注说明的为sc管,规格以标注为准。均需满足BS4568要求。

图名	4-15PCGB1L(C) 板图
图号	PCGB-01

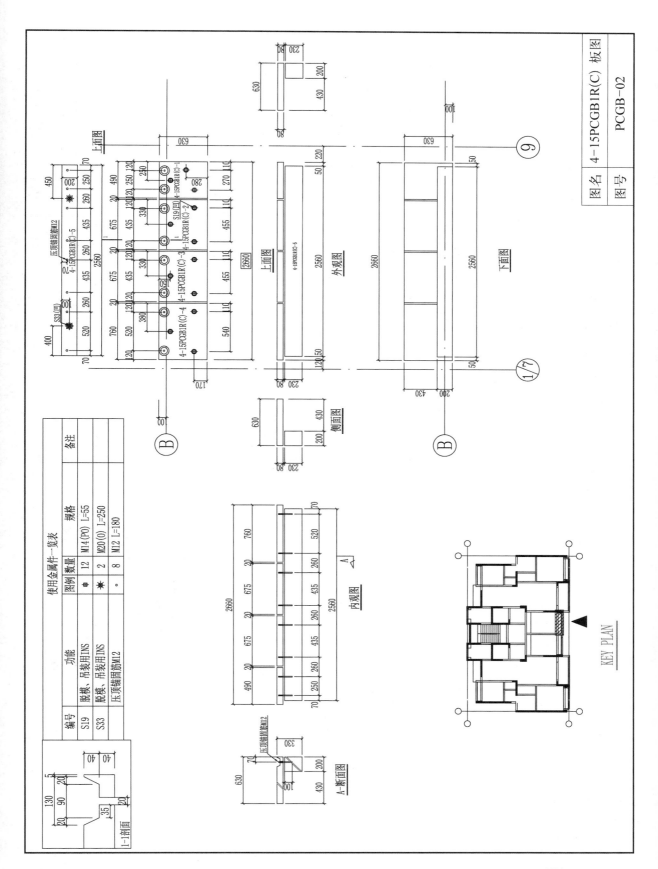

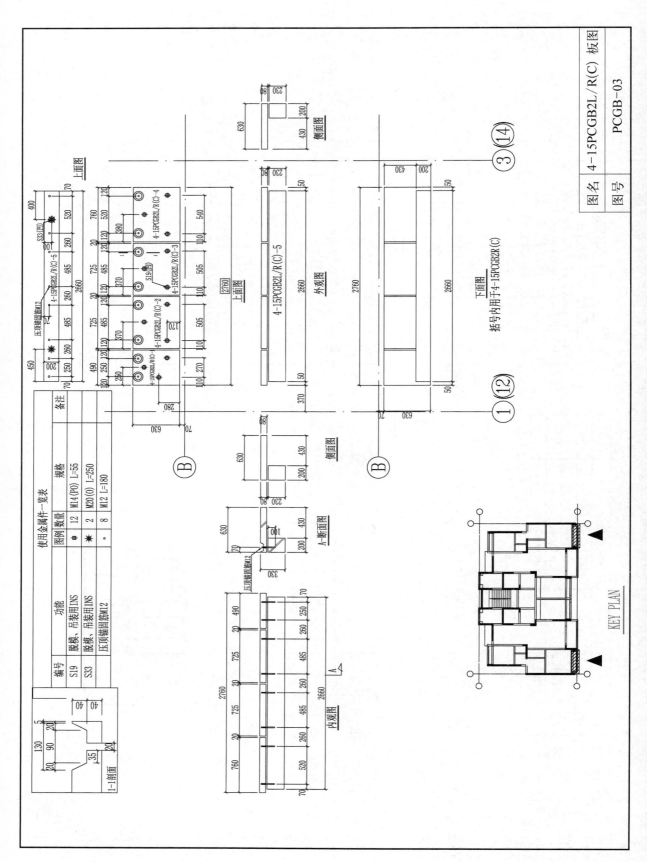

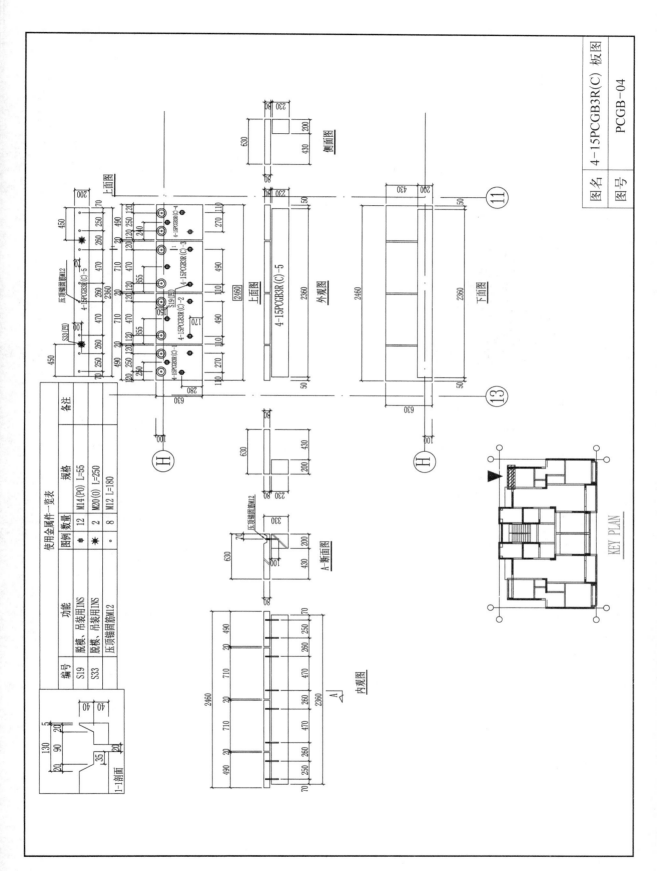

使用金属件一览表

编号	功能	图例	数量	规格	备注
S19	脱模、吊装用INS	✛	12	M14(P0) L=55	
S33	脱模、吊装用INS	✳	2	M20(0) L=250	
	压顶锚固筋M12	∘	8	M12 L=180	

1-1剖面

上面图

外观图

4-15PCGB3R(C)-5

下面图

内观图

A

侧面图

A-断面图

KEY PLAN

图名	4-15PCGB3R(C) 板图
图号	PCGB-04

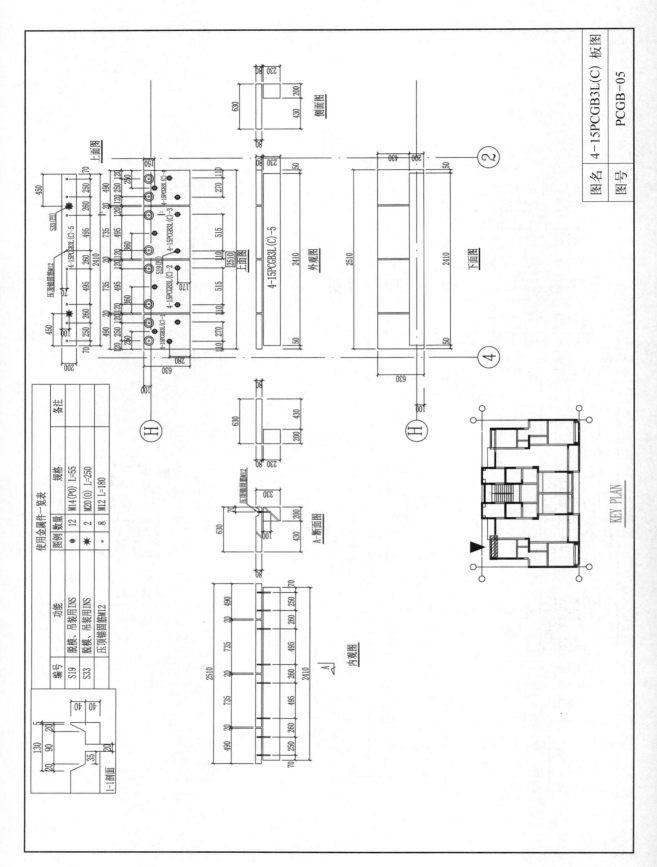

使用金属件一览表				
编号	功能	图例	数量	规格	备注
S19	脱模、吊装用INS	中	12	M14(PO) L=55	
S33	脱模、吊装用INS	✷	2	M20(0) L=250	
	压顶锚固筋M12	○	8	M12 L=180	

上面图

侧面图

外观图

下面图

A-断面图

内观图

1-1断面

KEY PLAN

图名	4-15PCGB3L(C) 板图
图号	PCGB-05

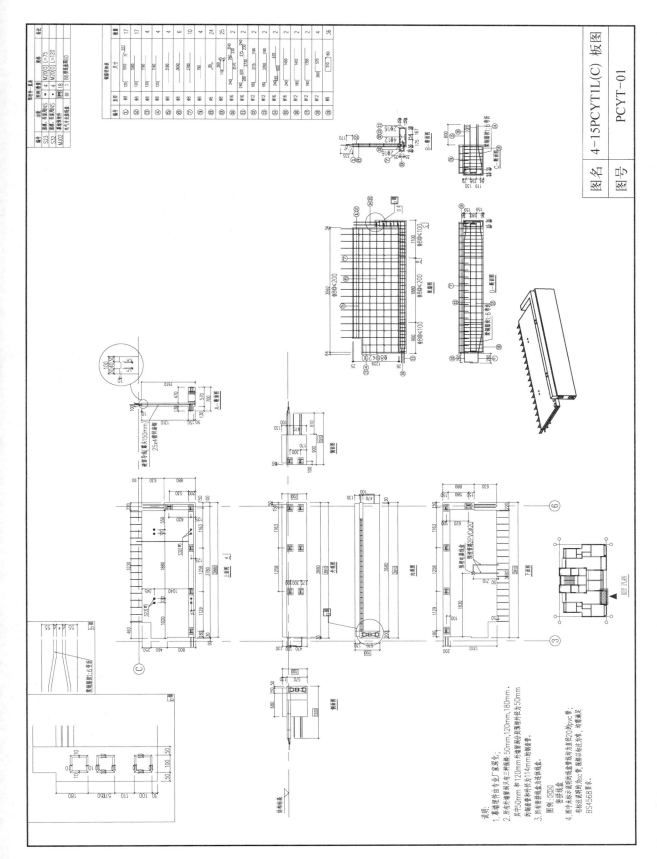

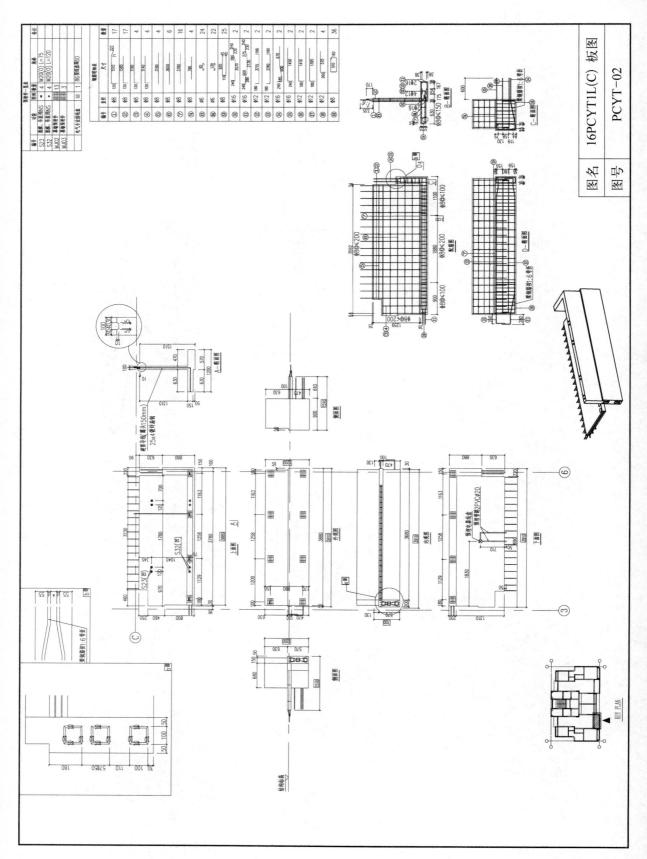

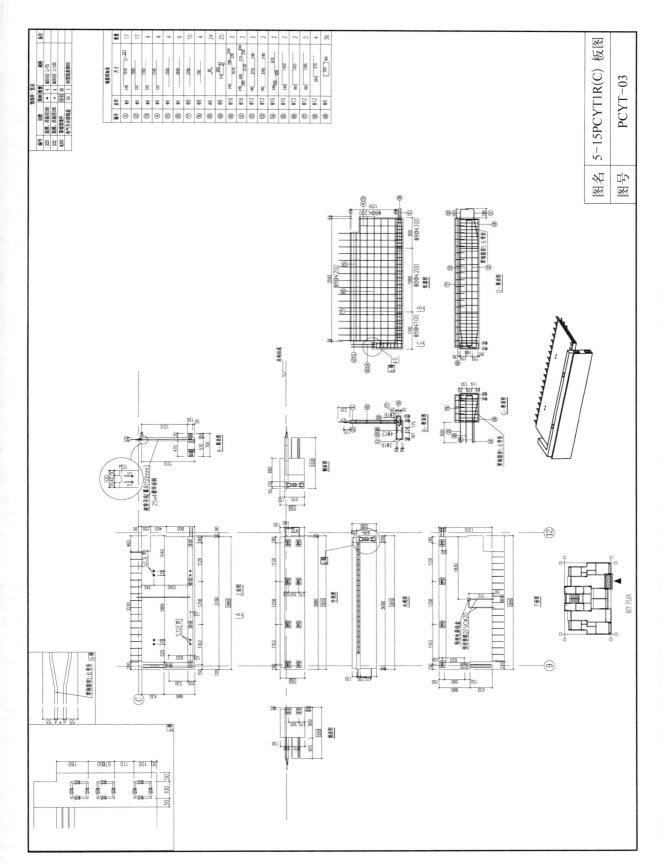

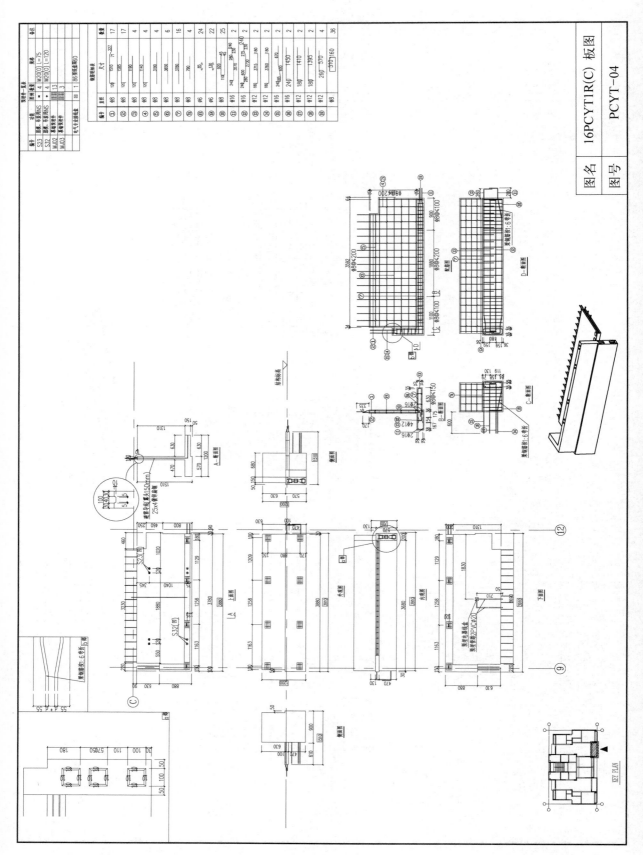

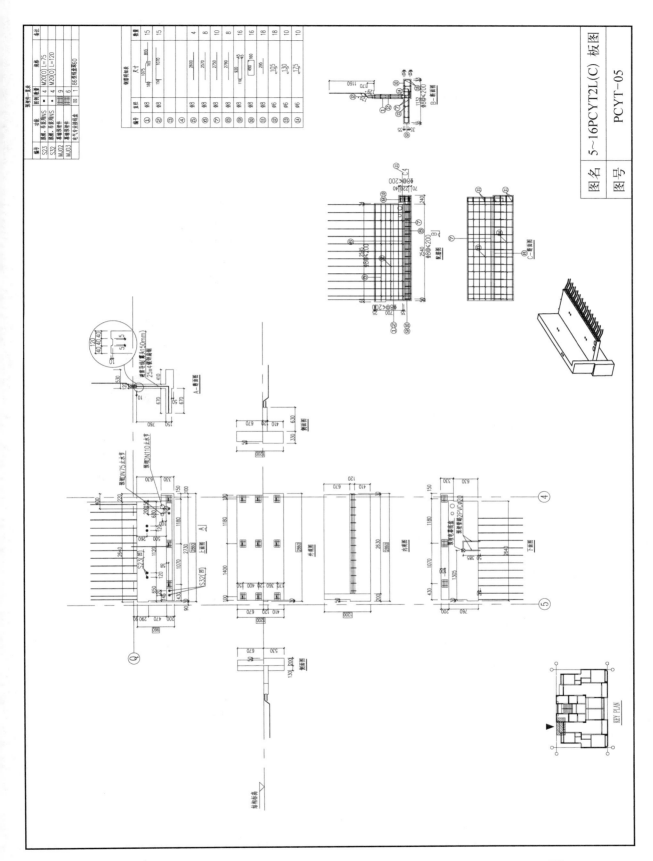

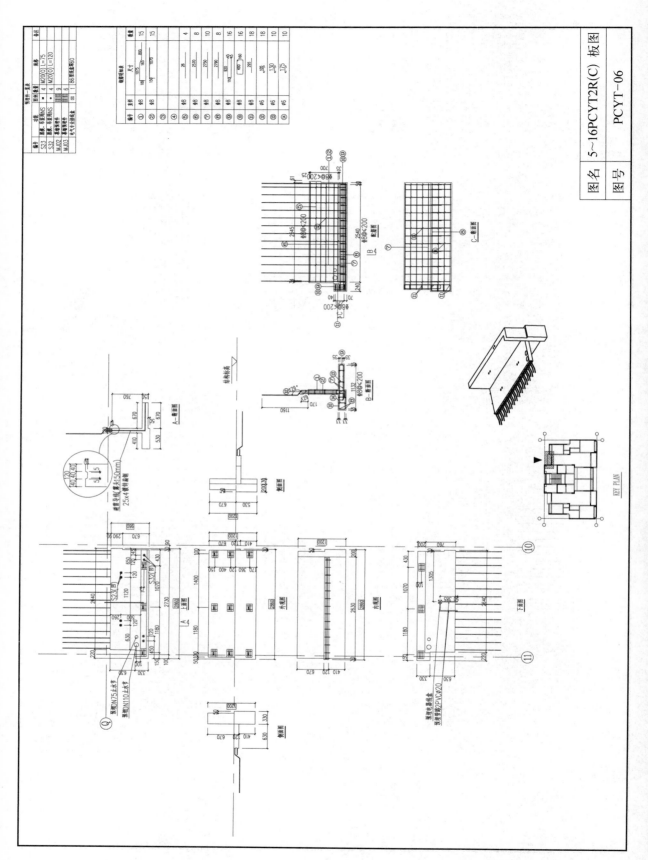

图名 5~16PCYT2R(C) 板图

图号 PCYT-06

KEY PLAN

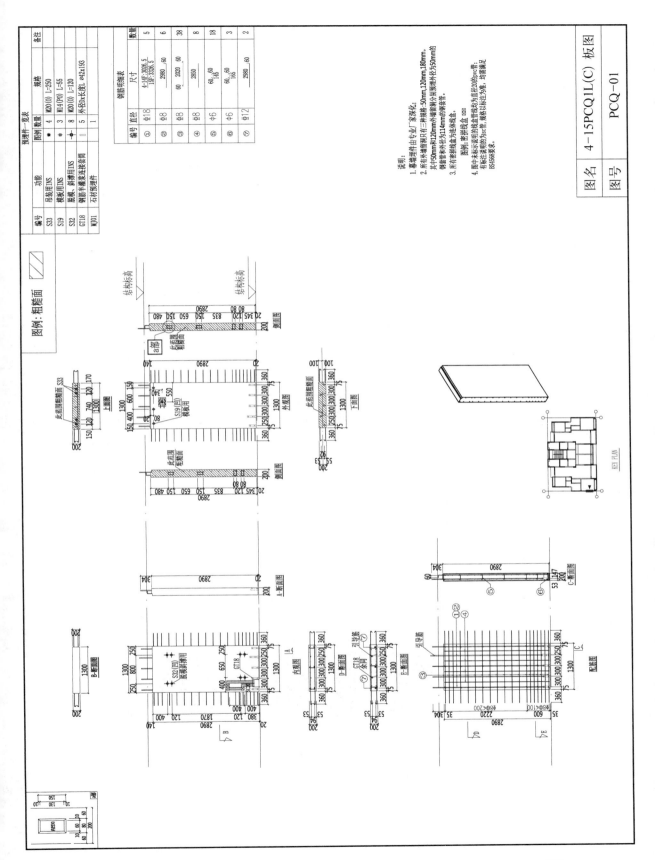

图例: 粗糙面

预埋件一览表

编号	功能	图例	数量	规格	备注
S33	吊装用INS	*	4	M20(0) L-250	
S19	模板用INS	◆	3	M14(P0) L-55	
S32	底模、斜撑用INS	⊣	8	M20(0) L-120	
GT18	钢筋半灌浆连接套筒	⊢	5	外径b×长度L: Φ42×193	
MJ01	石材预埋件		1		

钢筋明细表

编号	直径	尺寸	数量
①	Φ18	4-14F:3026.5 15F:3326.5	5
②	Φ8	2980 ⌐60	6
③	Φ8	60 2020 60	38
④	Φ8	2850	8
⑤	Φ6	60⌐60 145	18
⑥	Φ6	60⌐60 165	3
⑦	Φ12	2980 ⌐60	2

说明:
1. 幕墙连件件由专业厂家深化。
2. 所有外墙留洞只有三种规格:50mm、120mm、180mm。其中50mm和120mm外墙留洞分别需埋外径Φ50mm的钢套管和外径Φ114mm的钢套管。
3. 所有缝塑线盒为114mm连体线盒。
   图例:密拼线盒 □□□
4. 图中未标示说明的线盒管线均为内径Φ20的pvc管;有标注说明的为≤25的管;规格以标注为准。均需满足BS6568要求。

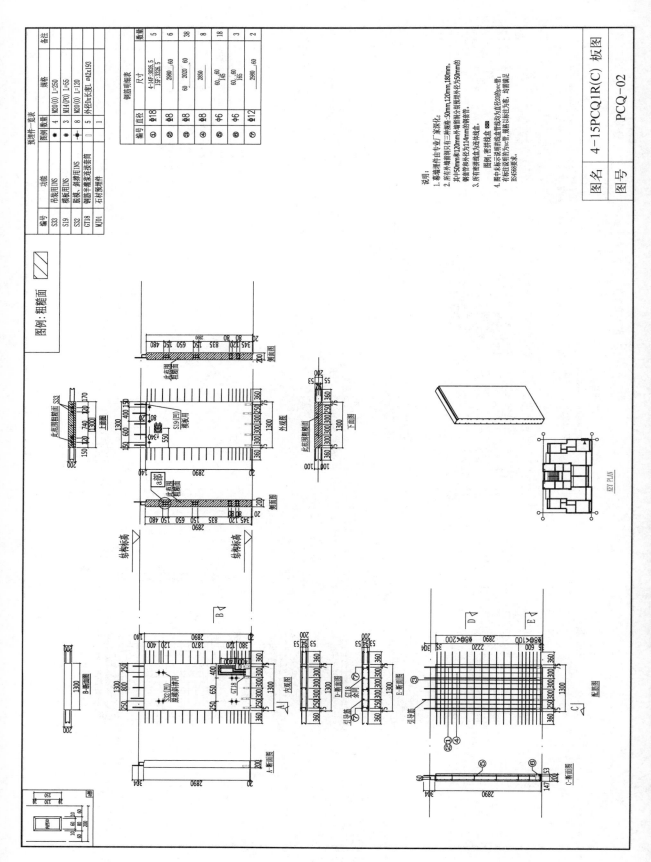

图例：粗糙面 ▨

预埋件一览表

编号	功能	图例	数量	规格	备注
S33	吊装用INS	✳	4	M20(PC) L=250	
S19	模板用INS	✳	3	M14(PC) L=55	
S32	脱模、斜撑用INS	✦	8	M20(PC) L=120	
GT18	钢筋半灌浆连接套筒	▢	5	外径D×长度 ∅42×193	
MJ01	石材预埋件	▢	1		

钢筋明细表

编号	直径	尺寸	数量
①	Φ18	4-14F-3026.5 15F-3326.5	5
②	Φ8	2980 60	6
③	Φ8	60 2020 60	38
④	Φ8	2850	8
⑤	Φ6	60 60 165	18
⑥	Φ6	60 60 165	3
⑦	Φ12	2980 60	2

说明：
1. 幕墙连接件由专业厂家深化；
2. 所有外墙留洞只有三种规格：50mm,120mm,180mm，其中50mm和120mm外墙留洞分别采用外径为50mm的铜套管和外径为114mm的铜套管。
3. 所有密拼线盒为连体线盒。
4. 图中未标示说明的线盒管线均为直径20的pvc管；有标注说明的为sc管，规格以标注为准。均需满足BS4568要求。

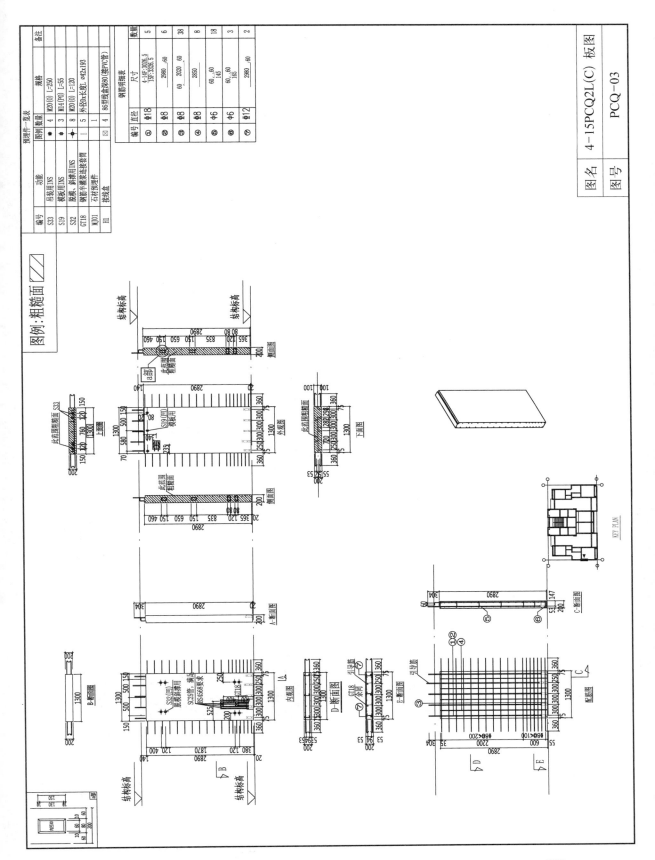

图例：粗糙面

预埋件一览表

编号	功能	图例	数量	规格	备注
S33	吊装用INS	✱	4	M20(0) L-250	
S19	横板用INS	✦	3	M14(P0) L-55	
S32	脱模、斜撑用INS	✚	8	M20(0) L-120	
GT18	钢筋半灌浆连接套筒	▯	8	外径D×长度、Φ42x193	
MJ01	石材预埋件		1		
田	接线盒	⊠	4	86型线盒深80(接PVC管)	

钢筋明细表

编号	直径	尺寸	数量
①	Φ18	4-1#F:3026.5 15F:3326.5	5
②	Φ8	2980,60	6
③	Φ8	60,2020,60	38
④	Φ8	2850	8
⑤	Φ6	60,60,145	18
⑥	Φ6	60,60,165	3
⑦	Φ12	2980,60	2

图名	4-15PCQ2L(C) 板图
图号	PCQ-03

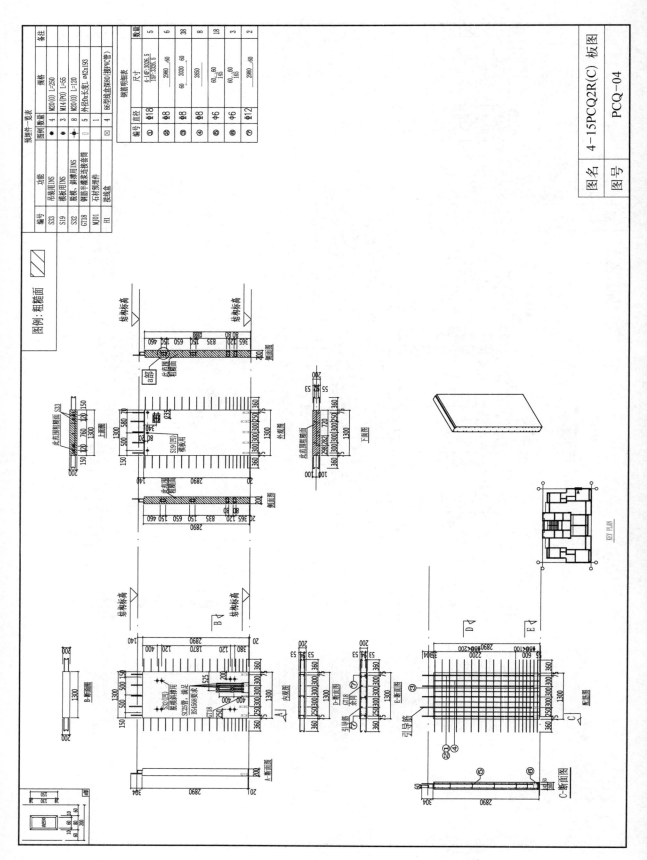

图例：粗糙面 ▨

预埋件一览表

编号	功能	图例	数量	规格	备注
S33	吊装用INS	✶	4	M20(Ⅱ) L-250	
S19	脱板用INS	✦	3	M14(Ⅳ) L-55	
S32	脱模、斜撑用INS	✦	8	M20(Ⅱ) L-120	
GT18	钢筋半灌浆连接套筒	□	5	外径Dx长度L φ42x193	
MJ01	石材预埋件	⊠	1		
H	接线盒	⊠	4	86型线盒深80(接PVC管)	

钢筋明细表

编号	直径	尺寸	数量
①	Φ18	4-14F:3026.5 / 15F:3026.5	5
②	Φ8	2980 60	6
③	Φ8	60 2020 60	38
④	Φ8	2850	8
⑤	Φ6	60 60 / 145	18
⑥	Φ6	60 60 / 165	3
⑦	Φ12	2980 60	2

图名	4-15PCQ2R(C) 板图
图号	PCQ-04

184

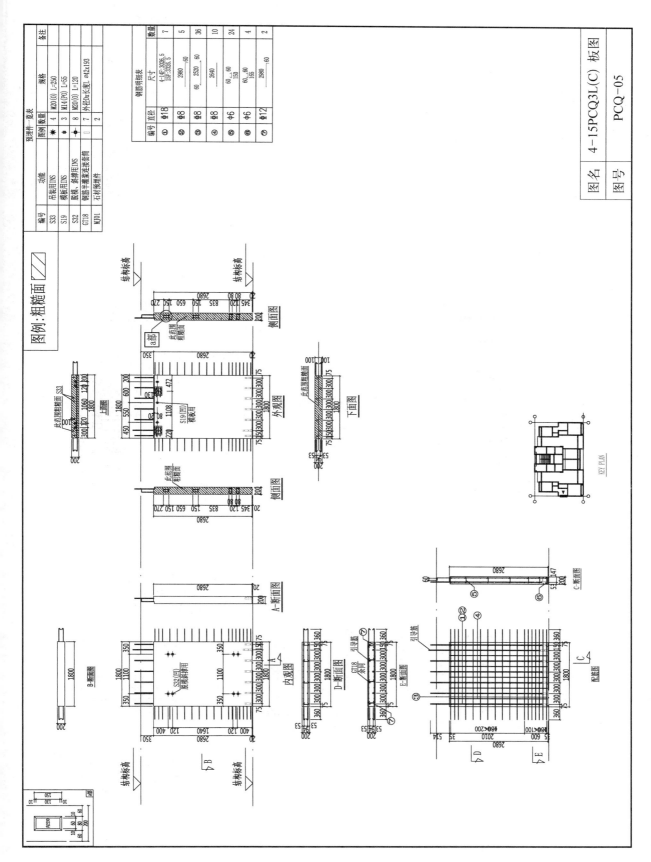

图名 4-15PCQ3L(C) 板图

图号 PCQ-05

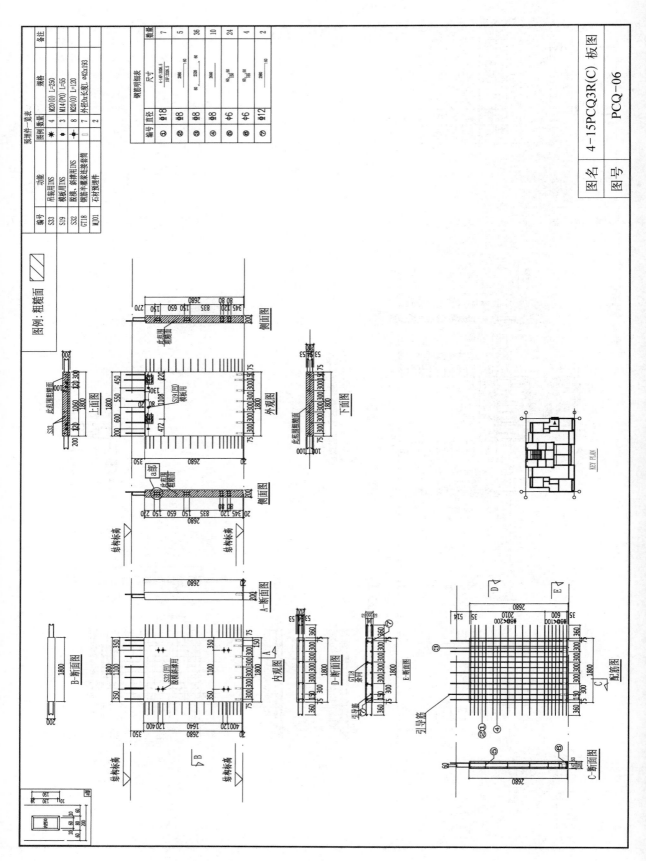

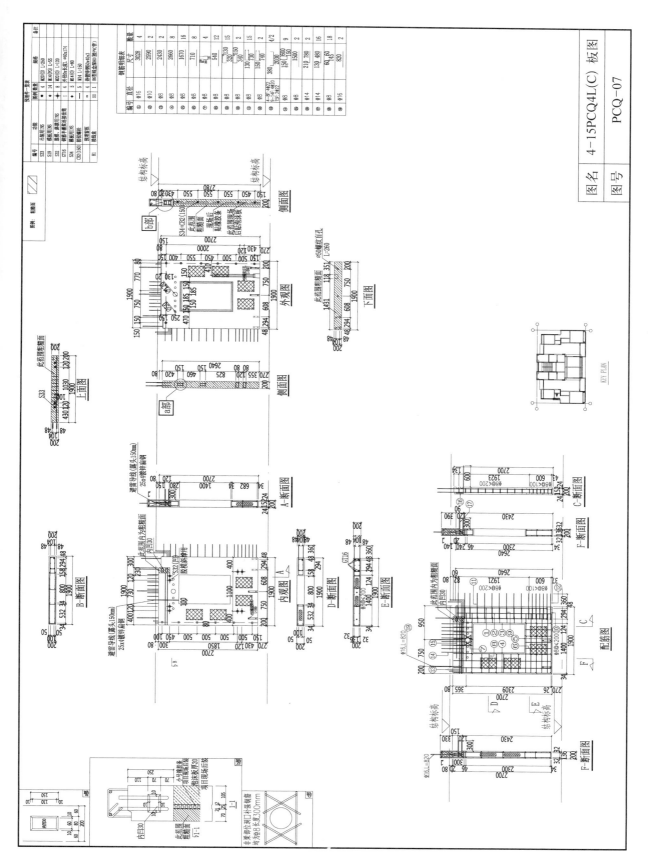

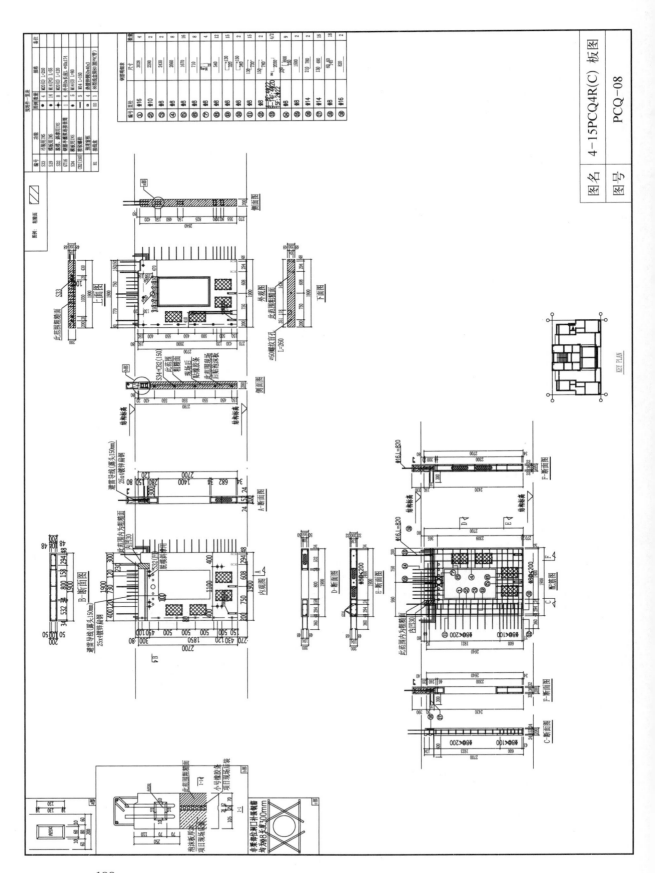

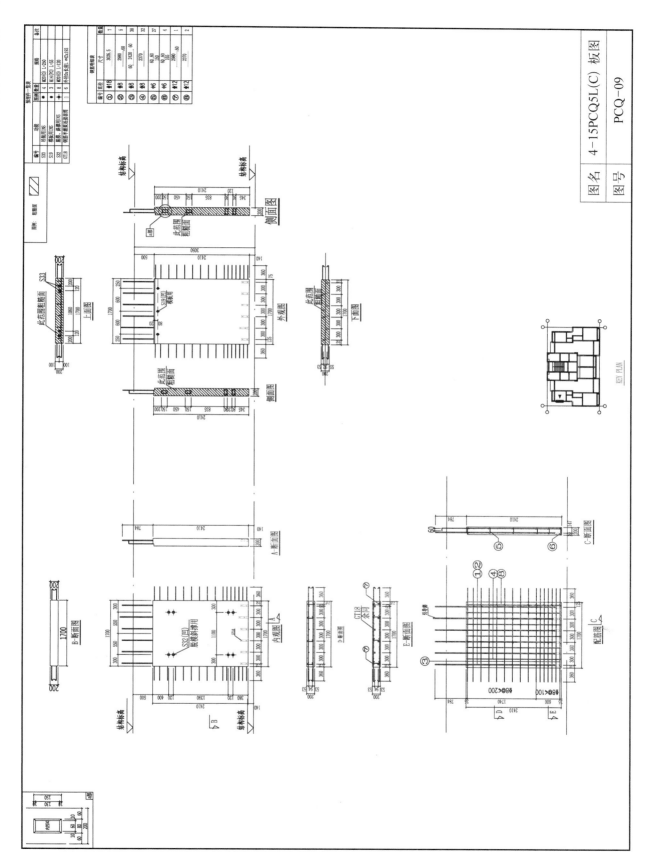

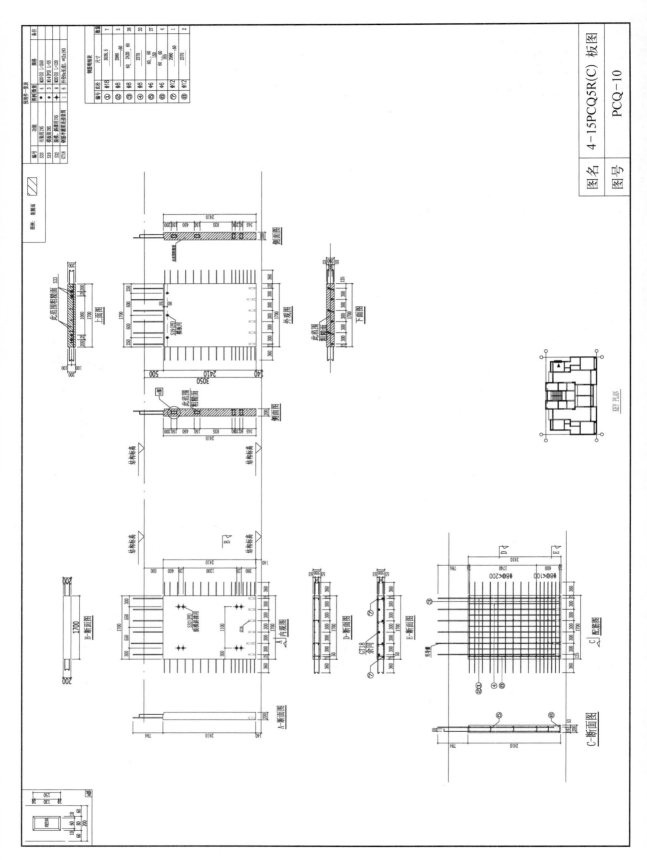

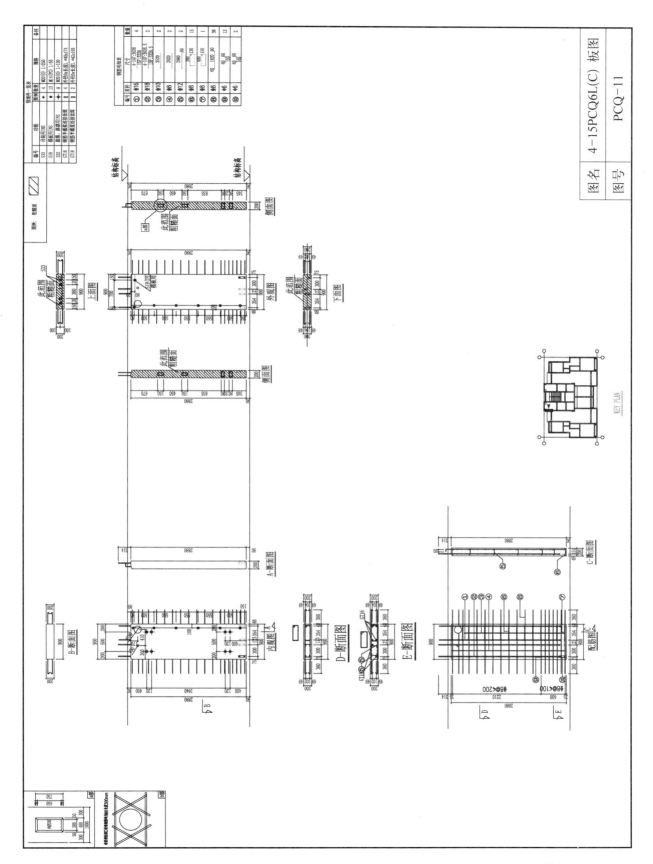

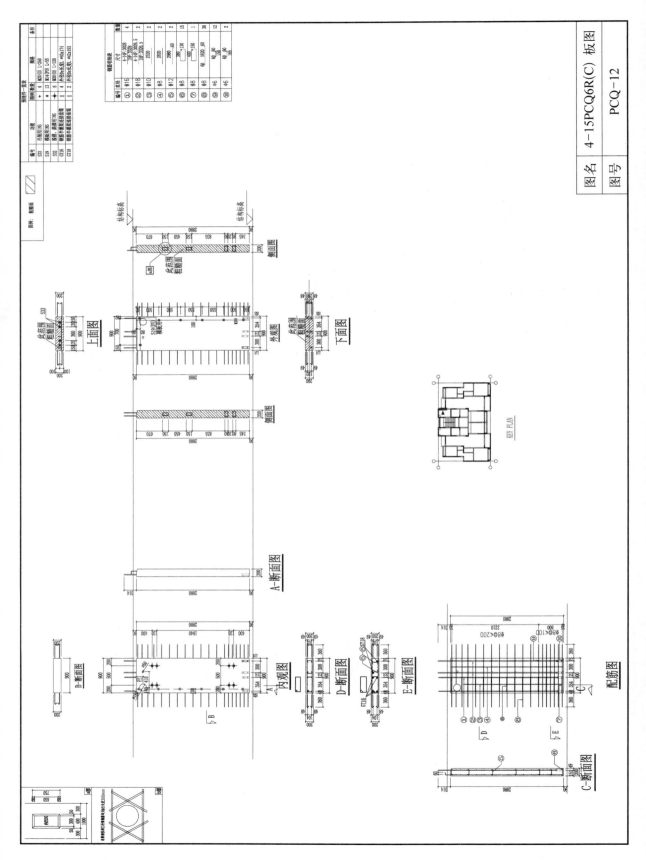

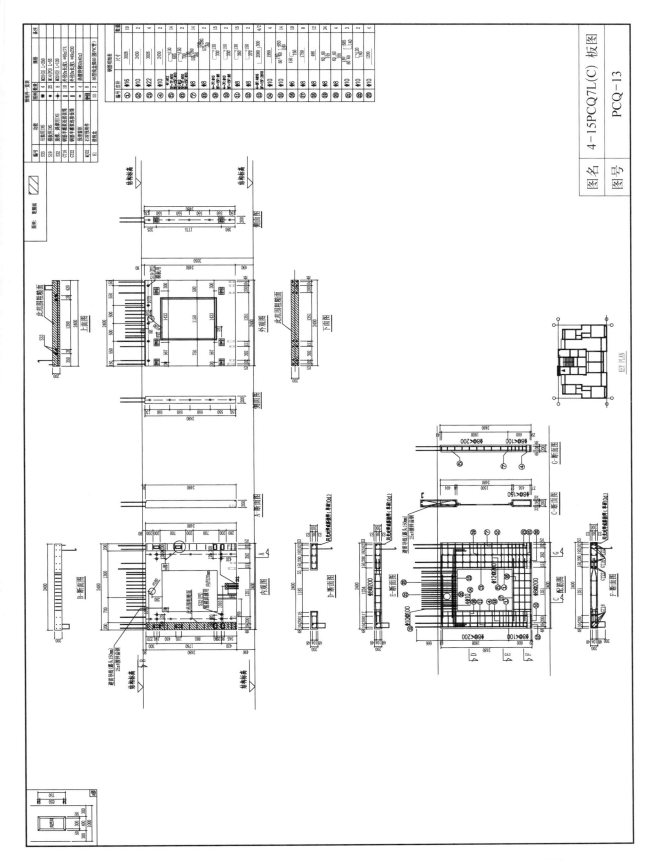

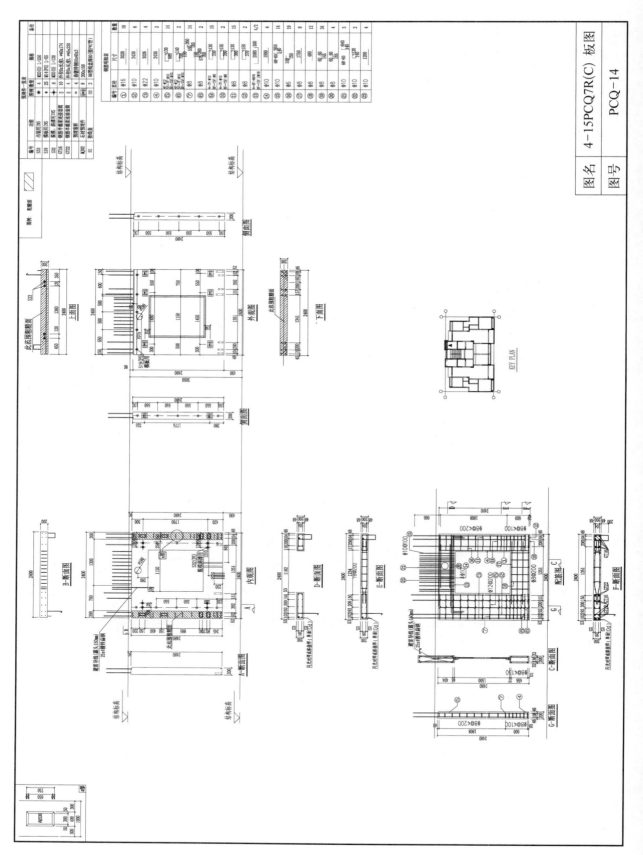

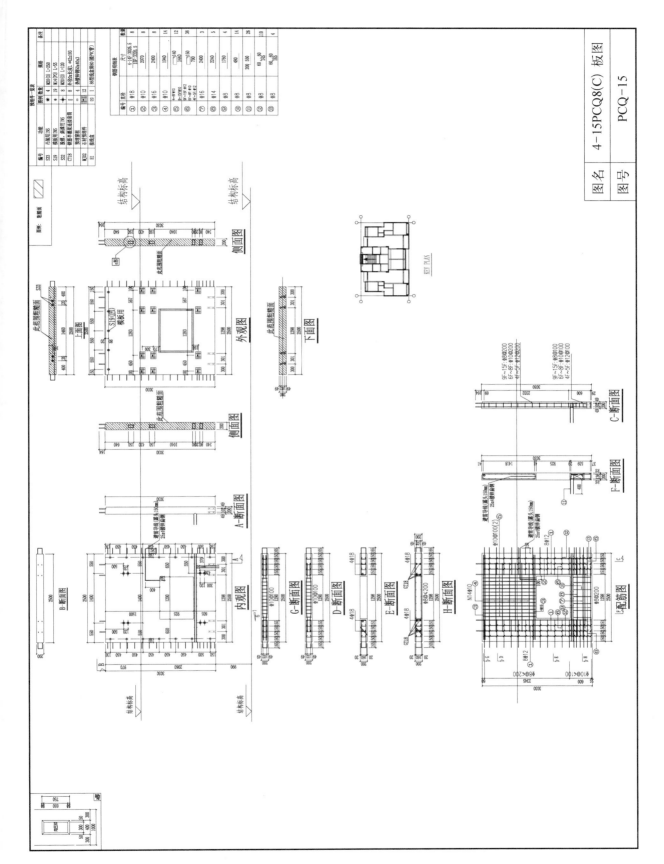

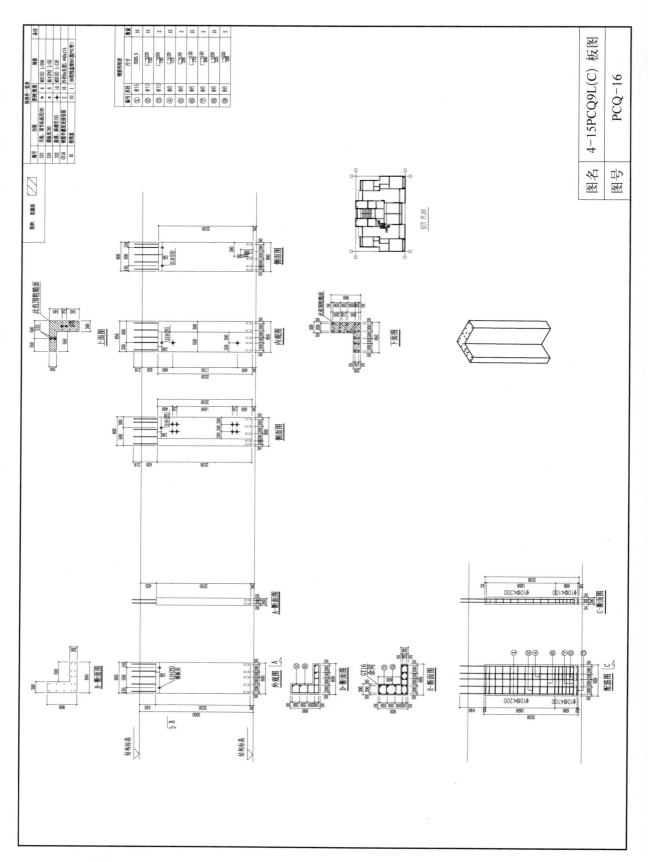

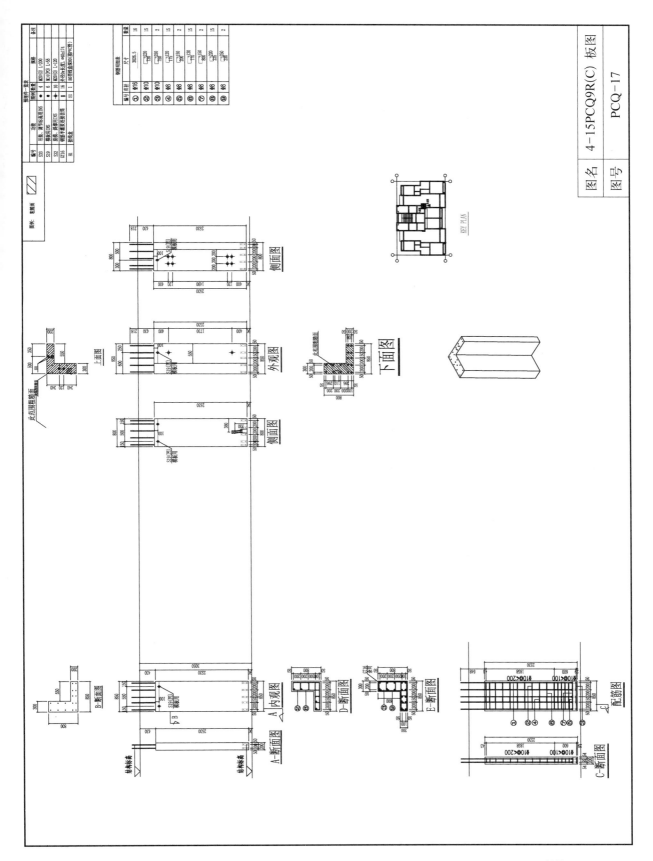

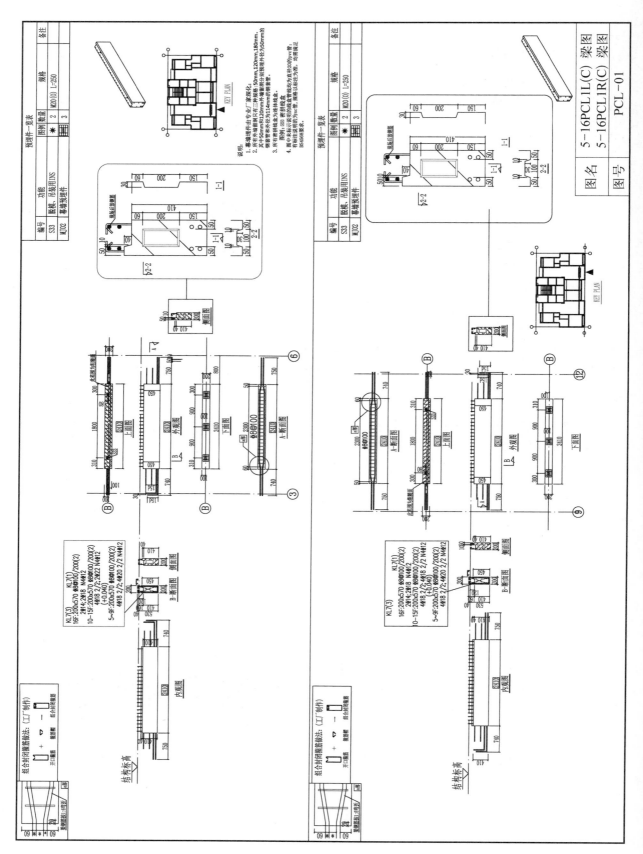

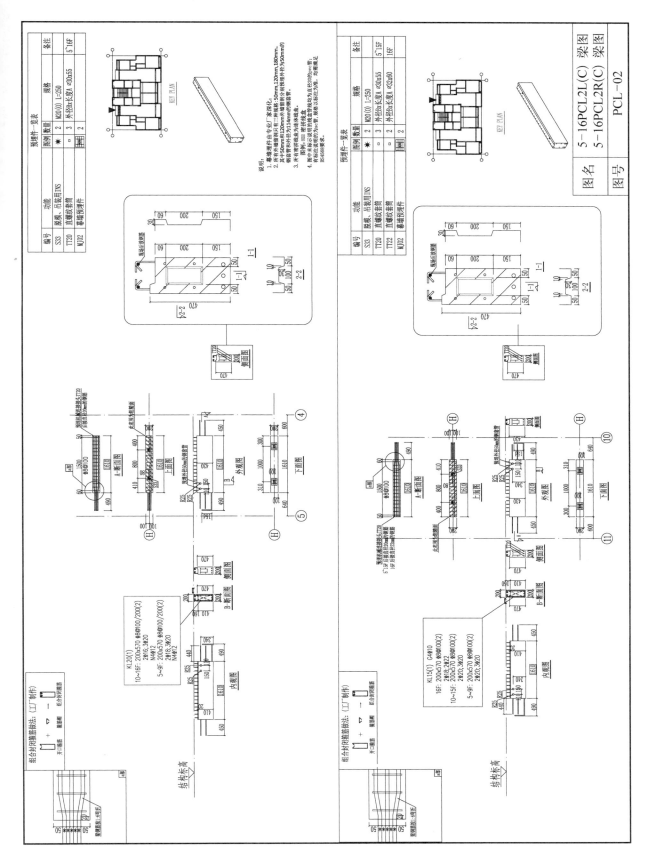

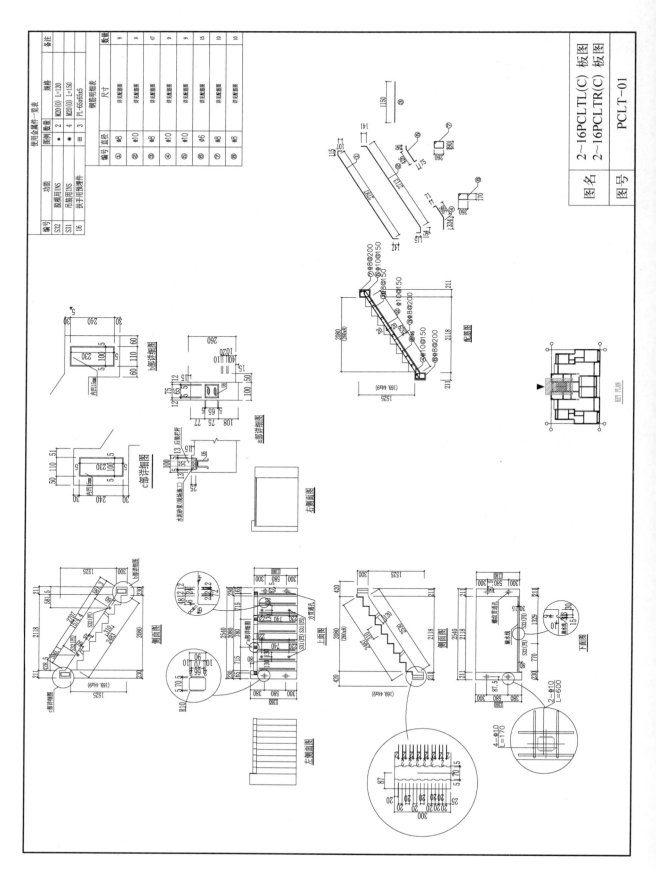

图名	2~16PCLTL(C) 板图 2~16PCLTR(C) 板图
图号	PCLT-01

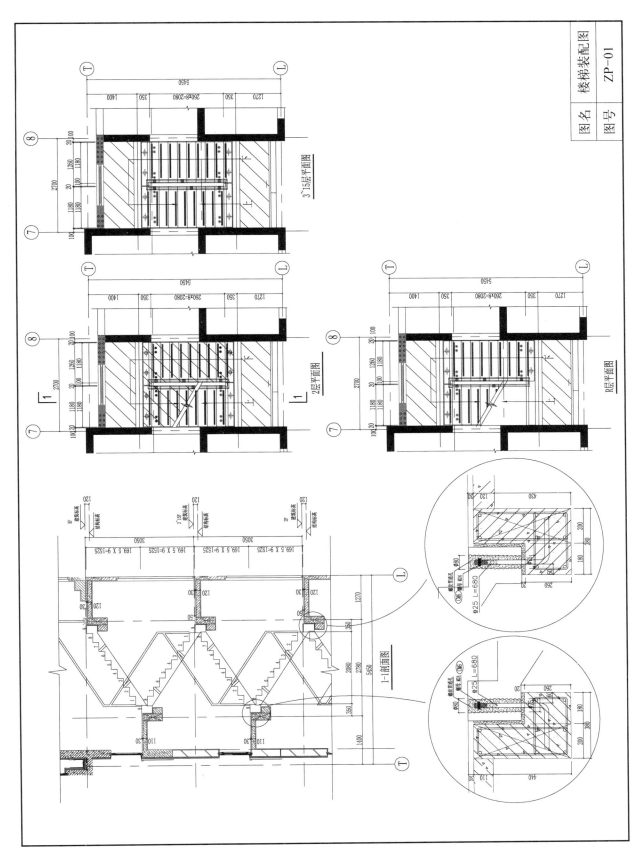

3~15层平面图

2层平面图

R层平面图

1-1剖面图

后 记

　　近年来国家及各省市均在大力推进建筑工业化,以促进建筑业持续健康发展,而装配式建筑正是建筑工业化实施的重要组成部分。2016 年 9 月 27 日,国务院常务会议审议通过了《关于大力发展装配式建筑的指导意见》,并下发各地、各单位贯彻落实。而在《建筑产业现代化发展纲要》中明确提出"到 2020 年,装配式建筑占新建建筑的比例 20％以上,到 2025 年,装配式建筑占新建建筑的比例 50％以上"。在上海 2016 年起外环线以内符合条件的新建民用建筑全部采用装配式建筑,外环线以外超过装配式建筑比例需达到50％;自 2017 年起外环以外在 50％基础上逐年增加。

　　装配式建筑正呈现出蓬勃发展的趋势,对专业设计、加工、施工、管理人员的需求也是巨大的。装配式建筑在设计、生产、施工方面都与传统现浇混凝土建筑有着较大区别。本书在编写过程中,努力反映我国目前在装配式建筑方面的新技术、新材料、新工艺以及设计的发展动态,以期能满足行业发展对人才培养的需求。

　　本书由袁建新、张凌云教授担任主编,由周芸、袁媛、张海琳担任副主编。袁建新编写了第 1 章、第 2 章、第 3 章的内容,袁媛编写了第 4 章、第 6 章的内容,张凌云编写了第 7 章的内容,张海琳编写了第 12 章的内容,柳婷婷编写了第 10 章的内容,刘贯荣编写了第 11 章的内容,吴佳编写了 第 9 章的内容,余苏文编写了第 5 章的内容,王雅倩编写了第 8 章的内容,附录内容由张凌云和张海琳共同编写。全书 AR 技术由周芸、许永刚副总经理开发设计。全书由吴泽教授主审。

　　本书在编写过程中,参阅和借鉴了有关文献资料;宝业集团有限公司、上海维启软件科技有限公司、上海建工集团、上海住总工程材料有限公司等单位工程技术人员提供了资料及技术指导。在此一并致以诚挚的感谢!

　　由于水平和时间有限,本书存在的不妥之处,敬请读者批评指正。